# 你的善良
# 必须
# 有点锋芒

慕颜歌 著

Your goodness must
have some
edge to it.

古吴轩出版社
中国·苏州

## 图书在版编目（CIP）数据

你的善良必须有点锋芒 / 慕颜歌著. —苏州：古吴轩出版社，2016.9（2019.6重印）
ISBN 978-7-5546-0723-7

Ⅰ.①你… Ⅱ.①慕… Ⅲ.①成功心理—通俗读物 Ⅳ.①B848.4-49

中国版本图书馆CIP数据核字（2016）第177262号

**责任编辑**：蒋丽华
**见习编辑**：顾　熙
**策　　划**：张　臣
**封面设计**：胡椒设计

| | |
|---|---|
| 书　　名：你的善良必须有点锋芒 | |
| 著　　者：慕颜歌 | |
| 出版发行：古吴轩出版社 | |
| 地址：苏州市十梓街458号 | 邮编：215006 |
| Http://www.guwuxuancbs.com | E-mail：gwxcbs@126.com |
| 电话：0512-65233679 | 传真：0512-65220750 |
| 出 版 人：钱经纬 | |
| 经　　销：新华书店 | |
| 印　　刷：天津旭非印刷有限公司 | |
| 开　　本：880×1230  1／32 | |
| 印　　张：7.5 | |
| 版　　次：2016年9月第1版 | |
| 印　　次：2019年6月第7次印刷 | |
| 书　　号：ISBN 978-7-5546-0723-7 | |
| 定　　价：32.80元 | |

如发现印装质量问题，影响阅读，请与印刷厂联系调换。022-22520876

**你的善良，必须有点锋芒，否则等于零。**

——[美]拉尔夫·瓦尔多·爱默生

# 目录

前言　你当善良，且有力量　/ I

## Chapter 1　你以为的善良，其实只是懦弱

如果你习惯了吃亏，习惯了沉默，习惯了委屈自己，习惯了不拒绝所有人，你便会忘记，其实你可以有态度，可以有观点，可以有能力，可以过你想要的生活。

与其明哲保身，不如立场鲜明　/ 3
你那么好说话，无非是没原则　/ 8
善良，有时候不过是弱者的又一个挡箭牌　/ 14
"丑话说到前头"并不"丑"　/ 19
做人要学着适度"零容忍"　/ 25
善良是一种选择，需要的是智慧　/ 30

# Chapter 2　说好的"吃亏是福"呢

你无须把自己摆得太低。属于你的，要积极地争取；不属于你的，也请果断放弃。

现实这么残酷，拿什么装无辜　/ 37
你以为你的付出是你以为的吗　/ 42
请将你的善良只给善待你的人　/ 49
以爱的名义满足的不过是你的野心　/ 55
别用你所谓的善意去强迫他人　/ 61
吃亏是福，但总吃亏哪儿来的福　/ 66

# Chapter 3　多余的牺牲他（她）不懂心疼

老天爷的事儿你管不了，别人的事儿与你无关。请守护好你的亲密距离，不要"越俎代庖"，也不要"被越俎代庖"。

那多余的牺牲都是情感的重负　/ 73
没了自己，就只是为别人而活　/ 79
有一些"好"永远不会被感激　/ 86
一味地胸怀天下只是给自己添堵　/ 91
除了你自己谁也没资格打击你　/ 97
请守护好你的亲密距离　/ 104

# Chapter 4　你有多好，他（她）就能有多坏

有时候，我们要对自己残忍一点，不能纵容自己的伤心失望。有时候，我们要宽容，但切勿纵容，要学会说"不"。

可以宽恕，但不能忘记　/ 113
纵容他人是对自己的残忍　/ 118
想给他人热量，先让自己发光　/ 125
不抱怨，不过别人嘴上所说的人生　/ 132
要照顾别人，先把自己照顾好　/ 137
若不懂拒绝，慢慢地你就被毁了　/ 143

## Chapter 5　你没那么坚强，但只能独自坚强

伤害你的人从来没想过帮助你成长，真正让你成长的是你的痛苦和反思。经历本身没有特殊意义，让它变得有意义的是你的坚强。

学着"示弱"，别憋出内伤　/ 149
太在乎别人，就只能自己受累　/ 154
我们是自己命运的巫师　/ 160
你当坚强，而且善良　/ 167
不要像你不喜欢的人那样生活　/ 173
有所缺憾，才能走向更完美　/ 178

## Chapter 6　可以替别人着想，但要为自己而活

人生最遗憾的莫过于，轻易地放弃了不该放弃的，固执地坚持了不该坚持的。

何必用疲惫的身心来愉悦别人　/ 185
做人要懂得留一点儿爱给自己　/ 190
无畏付出，但不无谓付出　/ 197
做自己，别让世界改变你　/ 201
我们活的都是自己的选择　/ 209
深谙世故却不世故，才是成熟的善良　/ 214

# 后记　得到的是侥幸，失去的是人生　/ 221

# 前言

## 你当善良,且有力量

> 一个人越是善良,待人的底线应该越高一些。这样才能避免纵容他人,也能保护自己。

我有一个在北京做幼教项目的朋友,经常要赶早到全国许多城市跑业务。这天一大早,我习惯性地开始刷微信朋友圈,果然他早早地就发了一条状态。

然后,我看到了这么一段文字:

上气不接下气地赶上最早的一班列车,后背全湿透了。好不容易找到自己的座位,一位年过八旬的老大爷已经坐在那里。

"大爷,您不是这个座位的票吧?"

"嗯,走得急,买的站票。赶上哪个就坐哪个吧。"

"大爷,您到哪儿下车啊?"

"没多远,石家庄。运气不错,车都快开了,这个位上还没人。"

我欲言又止,默默地离开,就让大爷安心地坐着吧。

人性中蕴藏着这样柔软而有力量的情愫——善良,可以让彼此缺乏信任的陌生人放下心中的戒备。正如罗佐夫所说的那样:"感人肺腑的人类善良的暖流,能医治心灵和肉体的创伤。"

善良是一种良知、一种本性,它立足于道德之上。

然而,我也不止一次见到过另一些场景。比如,老师给学生的评语是"他很善良",没有想到,孩子的家长很是不以为意地回应说:"现在这个社会里,善良有什么用啊?最没本事的人才善良呢!"

**我**想说,不是善良不好,是我们今天对善良的方式不对,以至于有一段时间,微信朋友圈被爱默生的名言——"你的善良,必须有点儿锋芒,否则就等于零"刷屏的时候,一下子就戳中了那么多人隐秘的痛点。

我认识一家人。他们从不会跟人起正面冲突与争执,也从不轻易开口找人帮忙,却习惯于帮助他人。他们把"我理解,我懂"当作口头禅,对他人的要求从不拒绝,结果往往是惯纵了他人,为难了自己。

所以,我对"善良必须有点儿锋芒"的理解是,一个人越是善良,待人的底线应该越高一些。这样才能避免纵容他人,也能保护自己。

我再说一个朋友的故事。

她在证券行业工作,人看起来很温婉,可温婉当中却又藏着一股力量。她做事认真,为人处世也异常得体。

比如,遇到同事向她寻求帮助,她会先了解具体情况,然后说:"我很想帮你,但我觉得要是我现在就帮你做了,真的是害你。这些事儿都是你必须要学的。所以,你可以自己处理,我相信你可以做到的。"

她说这些话的时候,态度诚恳,语气也十分真诚,同事听后绝不会怪怨她,反而事后很感激她。

遇到有人向她借钱,一般情况下,她在不了解对方意图之前,会不紧不慢地说:"这样啊,容我先回家和家人商量一下,好吗?"

等了解了具体情况之后,如果对方是想搞投资,她会回绝:"抱歉,我对你做的投资实在不懂,我能拿出的这点儿钱,也实在起不到太大作用。并且,我们家里的情况你也知道,有老有小,必须要留储备金,没有余力帮你太多。我相信你也会理解的。"一般对方都不会再纠缠,也不会觉得面子上过不去。如果对方真的是遇到急事了,她会答应借钱。而且,她还会事先就跟对方讲好还款的期限和方式。她认为这样对自己包括对别人都是负责的做法。比如,我知道,她当初借钱给她在墨尔本的妹妹买车的时候,也是先帮妹妹做好了一个还款规划,告诉她什么时候应该换新工作,然后什么时间开始存钱,再在什么时间开始还钱。她认为这样,既帮到了妹妹,也是在促进妹妹的成长。

初时,一些同事、同学或亲友或许会觉得,她这个人过于冷静和理性,不是那么率性、痛快,有的人甚至可能觉得她待人有些过"冷"。

但是,我却观察到,她这样做很对。这些年来,虽然她也拒绝了一些人的要求,可人缘一直很好。身边的人都觉得她是一个靠谱的人,非常值得信赖,所以真遇到难事儿了都愿意向她求助。这样的结果,根本不同于我认识的那家人一味善意帮人却费力不讨好。

你可以善良，但请不要无谓地善良。如果经过岁月的磨砺，你稍微修炼出一些锋芒，反倒可能游刃于人际，更从容地生活。

我已经明白了，所以我希望更多善良的人，都能懂得点儿有关善良的智慧。

否则真碰上事儿，我们只能将自己憋成内伤。因为这个世上，有太多让我想吐槽的"低智商"的所谓"善良"了。

比如，缺乏常识的所谓"善良"——好心的邻居老太太为生病的人推荐各种未加验证的"偏方"，心怀慈悲的人把陆龟带到公园的池塘去放生……

比如，道德绑架式地强迫对方的所谓"善良"——马云这么富有，他就应该为××捐上几个亿！不过就是擦了一下他的豪车，他这么有钱就不应该让自行车主赔钱。

比如，不同情受害方却只同情弱者的所谓"善良"——你有一个从不做家务、乱丢垃圾的娇气室友，你忍无可忍发飙后，有人过来劝你要对室友宽容一点儿。

比如，用和稀泥式的调解方式来表达"都是为你好"的所谓"善良"——某人的丈夫喝酒又赌博，还大男子主义，他有一天出轨了，却有人来劝她说"好歹夫妻一场，还是原谅他一回吧"。

比如，无节制的帮助却起到反效果的所谓"善良"——"升米恩，斗米仇"，不愿将丑话说在前头，结果不断借钱给亲戚帮他们渡过难关了，却在要账的时候与他们反目成仇。

……

我不能给善良下一个什么定义，但我想说，"善良不善良"，你要自己学会去选择，要知道：

生活不是用来妥协的，你退缩得越多，喘息的空间就越少；日子也不是用来将就的，你表现得越卑微，幸福就会离你越远。

你无须把自己的位置摆得太低。属于你的，要积极地争取；不属于你的，也请果断地放弃。不想做的事，不必勉强自己去做；忍了很久的事，不必一而再，再而三地忍下去。

不要再让别人来践踏你的底线。一味地忍让或取悦，那不是善良，而只是你不想承认的懦弱。也别再昏睡不醒，做着别人不喜欢、不会感激，你自己做不好，也不爱做的所谓"善行"。

只有挺直了腰板，世界才会给你属于你的一切。

如果你的生活只是对世界察言观色，然后满足于眼前的苟且，如果身边的人对你的存在总是忽视，如果你的被认同只能靠委屈自己去成全别人，那么请记住我要告诉你的这一句话：

你当善良，且有力量。

## Chapter 1
## 你以为的善良，其实只是懦弱

如果你习惯了吃亏，

习惯了沉默，

习惯了委屈自己，

习惯了不拒绝所有人，

你便会忘记其实你可以有态度，

可以有观点，

可以有能力，

可以过你想要的生活。

Chapter 1　你以为的善良，其实只是懦弱

## 与其明哲保身，不如立场鲜明

| 问题在于，我们逐渐混淆了"明哲保身"和"怯懦"的界限。

我常想，我们生活在一个由人构成的群体环境中，不得不把很多的精力用来处理人际关系问题。

本来沟通是为了消除隔阂，增进了解，通过配合弥补单一力量的缺陷，最大限度地发挥力量。

然而现实中我们看到更多的，却是彼此抱怨或人为地设置障碍。总有一些人似乎站着说话不腰疼，毫不顾及自己的言论其实只能让坏人更无所顾忌，让好人选择明哲保身，生生将善良逼成怯懦。

于是，我们常常会面对一群好人欺负另一个好人，其他好人却坐视不管的现象。

比如医患间的紧张关系，使许多本性善良的医生也只好选择少做少错，处理病情时畏首畏尾，水平得不到提高，最后的结果就是：不利于病人的及时救治。

**前**一阵子，我在网上看过一个关于产妇抑郁症的帖子。发帖者讲了一个患抑郁症的产妇杀死孩子后又绝望地自杀的悲剧。看的时候，我的心情十分沉重。随后看到有一帮人跟帖，其中夹杂了各种无意义的指责。

有人说："不就是生个孩子吗，哪来的那么多事儿？我当初不知不觉就生了。"

有的人责备自杀的产妇心理变态，因为她自己当初生孩子感觉很快乐。

面对这些人和他们的言论，我真的很无语，本来大家要讨论的是关于产前或产后抑郁应该引起关注的话题，引导大家关心这个群体。

没想到引来一大群人用自己的"正确"来反证产妇的"错误"，也许他们确实正确，但从中反映出的对生命的漠视，恰是一种人性最大的"恶"。

# Chapter 1　你以为的善良，其实只是懦弱

我从中看到的还有更大的悲哀。

首先，并不能武断地说这些人就是本性坏透了，不是好人，只是有可能这些人无法完全明白别人的感受。每个人的情况各不相同，当事人生活中所经历的某些困境和打击，对这些评论的人来或许并不是软肋，因此，他们会推测若同样的事情发生在自己身上，并不会给他们造成多大的实质性伤害，所以他们对帖子中产妇的行为表示不能理解。

于是，他们会动不动就评论说："那些事情我也经历过的啊，没有那么难啊！""我们也感受过的啊，没有那么痛啊！"他们只愿相信自己经历时的感受，如果别人的感受与他们的不同，反应强烈了，便认为人家有病，表现得软弱了，便认为是人家矫情。

本来我还想说两句，我们应该关注的是产后抑郁这一现象，而不是对产后抑郁的人横加指责，但一想到那些人的极端、偏执，觉得多说无益，便放弃了。

通过这件事儿，我也在反思，为什么**我们每个人在生活中总是会遇到一些从未真正解决的沉默困局。**

按说中国人的聪慧从来不逊于其他种族，但其中难免鱼龙混杂，一些生存智慧里除了向来我们引以为自豪的勤劳能干、善良包容外，还不难发现一些市侩哲学、投机思想。比如"韬光养

## 你的善良必须有点锋芒

晦",这本是一个多么具有智慧的词语,现在却成了该怒吼时不怒吼,该出手时不出手的犬儒主义的代名词。

我也是其中的一员,所以明明看到了那个讨论帖里的谬论,但最后还是选择了退避三舍,不敢理直气壮地表达自己的立场。

从古至今,只要人多的地方,"劣币驱逐良币"的状态都普遍存在。最终的结果往往是,不讲规则的肆无忌惮,而真正善良的人却不能说话了。因为一说话,不管对不对都会遭到那群人的排挤。

我们选择趋利避害的"生存智慧"本没有错,**问题在于,我们逐渐混淆了"明哲保身"和"怯懦"的界限**。比如,看到马路上美艳的女司机被一个男人暴打,你作为路人会怎么办?看到一个老实的孩子被同学围殴,你作为路人又会怎么办?

虽然被问到这样的问题时,我们可以毫不费劲地把自己代入那个情境,去想象自己的情绪反应和生理反应,然后给出一个倾向道德标准的回答。然而事实是,大多数人会保持沉默。没遇到事情时,一切都不是问题,可一旦身临其境,可能所有的"节操"都会支离破碎。

不是所有善良的人都能经受住压力的考验,正如我们常会听

## Chapter 1　你以为的善良，其实只是懦弱

到电视剧中有叛徒说："我虽然失去了尊严，但是到底我还是活着。"（而烈士则会说："虽然我死了，但是我还保有尊严。"）

当你越来越多地选择"明哲保身"时，就不要怪你在别人眼中渐渐丧失了"立场"。"好好先生""为人NICE（友好）"的评语，也许是朋友、同事对你的夸赞。

本来你觉得这样也算不错，但是如果有一天，你得知马路上那个被追打的女人是你的妻子，校园里那个被围殴的孩子是你的儿子，你是不是还要再装睡下去？你是不是希望社会上这种"好好先生"少一些？

我相信，每个人内心肯定有一个被压抑的自己，他一定在渴望：行事但求无愧于心。论是非，不论利害；论顺逆，不论成败；论一世，不论一时。

## 你那么好说话,无非是没原则

| 你那么容易被人指使,无非是因为错把无原则的宽容当胸怀。

也许,你从小被人称赞"性格好、没脾气、文静",虽然你也不太喜欢听,但不会想太多。等你工作了几年,在人际交往中一次次受伤后,你可能会觉得,**还是本性善良但个性鲜明又会发脾气的人过得比较好。**

虽然你尽量避免和别人闹矛盾,虽然你的朋友也不少,虽然有些事儿在别人看来就该生气,而你觉得没什么,但是你终于慢慢发现,这样的你让别人不知道你的原则在哪里,慢慢地自然变得不再重视你、珍惜你。

## Chapter 1　你以为的善良，其实只是懦弱

季小堂打电话给原来的同事，同事说："真怀念你啊！你走了，天这么热，都没有人给我带可乐了。"

这样一句话让季小堂的心情跌到了冰谷。

季小堂刚进公司的时候，为人热情大方，谁都喜欢找他帮忙，而季小堂从来都是来者不拒。

平时他总是早早地就到了公司，收拾办公位，打扫卫生。听到谁说一句"没吃早餐，好饿呀"，他就会主动拿出自己的饼干送过去。有时，节假日还会帮同事收快递或处理工作。炎炎夏日，他经常带些冰镇可乐来公司分给大家喝。

随着工作渐渐增多，季小堂无法再像以前一样帮同事们了，抱怨却随之而来，有的人还当面开涮："小堂堂，赶紧去仓库领一包打印纸来，我们等着用！"碍于情面，季小堂还是默默地照做了。

再后来，主管开始吩咐季小堂干一些本职工作之外的事儿，比如去车库帮他搬东西。结果，季小堂刚出办公室大门，就被出差回来的经理撞了个正着。经理问季小堂去干什么。为了不给主管添麻烦，季小堂就说去购买办公用品。结果经理不知从哪里知道了事情真相，就把季小堂叫去办公室训了一顿，说他身为人事部行政人员，连"诚信"二字都做不到，又怎么能管理其他人呢。

季小堂无言以对，递交了辞职申请，背着"好人"二字的他，

**你的善良必须有点锋芒**

丢了工作。

身在职场,很多人也会遭遇类似的有苦难言。上司把很多跑腿的事情交给你,你会纠结他是重视你、跟你亲近呢,还是觉得你好说话?同事故意拿话刺激你,你会想他是觉得你宽容、不容易生气呢,还是在利用你的好欺负发泄他的愤懑?

有时候,你甚至会怀疑自己:**说得好听点儿,是性格好、没脾气,说得难听点儿,就是心太大、没主见。**

你在任何场合都示人以微笑,人家可能觉得你没个性,下意识地就开始轻视你。你对朋友有求必应,放弃自己的安排满足他们的邀请,等某次你"应"不了的时候,人家便觉得你不够意思,开始心里猜疑你。你心无城府,多次借钱给同事也不好意思催账,结果他很快心安理得、习以为常,你倒是被逼入两难的境地——要钱,怕伤感情;不要钱,白白遭受损失……

就像季小堂,**他那么容易被人指使,无非是因为错把无原则的宽容当胸怀,所以不懂拒绝。** 他无疑是喜欢通过照顾别人的感受来确定自己的存在感的那类人,所以往往既不好意思拒绝别人,又很害怕被别人拒绝。于是,心里想说"不"的时候,却言不由衷地冒出了"是",生怕直接说出"不",会伤了自己的"自尊",也对不起别人。

## Chapter 1　你以为的善良，其实只是懦弱

其实，"自尊"取决于我们是否能够接纳和喜欢自己。不愿意说"不"、害怕伤害别人的人，通常也会很在意被别人拒绝。这类人容易把"被拒绝"理解成别人对自己不喜欢、不重视，甚至不尊重，更糟糕的是随后也开始觉得自己似乎真的没有那么重要或者没有那么好。而这种拒绝激起的无力与无能感，让他们随之升起愤怒、伤心的情绪。他们总是宁愿委屈自己，成全别人，难怪会活得那么纠结。

这样委屈自己，强迫自己说"是"的背后，并非真正心甘情愿，而是隐藏着一个"你也不要拒绝我"的心理期望。因为害怕被别人拒绝，所以不敢拒绝别人。又因为身边的每一个人都希望得到不被拒绝的善意，于是我们开始失去原则，无底线地向身边的人和事妥协，甚至最后我们也会开始讨厌太过殷切地关心他人的自己。

就这样，你在人际交往的过程中，逐渐丧失了原则，被人发着"好人卡"，你越来越难以把握哪些事是必须坚持的，哪些事是可以宽容的。然后，**不敢说"不"，不好意思说"不"，也不会恰当地说"不"，你被所谓本性的"善良"裹挟前行，变得拎不清事儿、没主见。**

宽容不等于无原则，你应该有心胸，但也要守住底线。当你能够从容地拒绝别人，你就会知道拒绝大多数时候并不是有意地伤害，相反只是诚实地表达自己的意愿。

回想一下，不管是家人还是自己最好的朋友对你提出大大小小的要求时，你有说"不"的时候么？有即便嘴上没说但心里却很不乐意答应的时候么？你是否认为，如果你拒绝了他们就说明你不爱或者不在乎他们么？

反过来想也一样，别人即使在某件事情上拒绝了你，并不等于他们不在意或不看重你，只是他们真的不愿意或根本无法做到。

允许自己拒绝别人，才能真正接受别人对自己的拒绝，就如同认定自己有罪的人更懂得宽恕一样。一个人懂得尊重自己的意愿，也常常愿意把这样的尊重给别人。

难以拒绝，可能是因为你觉得只有不断地顺从别人才能彰显自己的价值。如果我们习惯通过别人来肯定自己，也就活在别人的眼里和嘴里。当来自别人的肯定成为必需的时，与其说我们是在肯定自我，不如说是在否定自我，到最后，你会发现，你已经没有了肯定自己的力量。

**建立个人的边界，确立自己的原则，敢于说出自己的真实意见**。这样虽然在一定程度上会导致我们在刚开始与他人交往时产生不愉悦，但只要我们足够真诚、态度坚定，他们迟早会认可和

## Chapter 1　你以为的善良，其实只是懦弱

尊重我们为人处世的原则。

在不触碰底线的前提下，一切对错、好坏、喜欢不喜欢都可以接纳、包容、理解。你要做一个让自己快乐也让别人欣赏的真正的"好人"，而不是"滥好人"。

## 善良,有时候不过是弱者的又一个挡箭牌

| 什么时候善良,成了不用讲道理的挡箭牌?
| 做一个"善良"的人,要比做一个"讲道理"的人轻松。

虽然世上很多人都有自私的一面,但我发现身边有太多人,完全不问事情的起因缘由,就自顾自地站到看上去比较弱势的那一方去,动不动标榜"善良",然后给别人套上"你应该善良点儿"的枷锁。

下面的场景,或许很多人都听说过,甚至亲历过。你买东西时碰上一个比你年长的人插队站在了你的前面,当你和他理论的时候,身边就有这种人站出来说,做人不要太斤斤计较,

## Chapter 1 你以为的善良，其实只是懦弱

多大的一点事儿，让他一下不就完了。

你的搭档工作没做到位，给你造成了巨大的困扰，而你发飙的时候，她抹着泪飞奔出去。那么，不用半天，你"嘴不饶人，把人活活骂哭"的名声可能就会传遍全公司，然后有一群这样的人会来告诉你，都是同事，你应该大度一点儿。

如果碰巧你混得还算不错，有房有车，结果遇到一个进城务工人员在侵犯你的利益，你决定追究他的责任时，又有一群这样的人围上来狠狠地骂你为富不仁、为人不善。

……

"他都那么可怜了，你就不能善良一点儿？"

"我已经给你赔笑脸了，你还想怎么着？"

**真奇怪，什么时候善良，成了不用讲道理的挡箭牌？**

我当年读大学的时候，曾经与人一起合租。合租的那位姑娘算是富家女，据说上大学之前都是住在家里，连垃圾都没有倒过一次。所以从合租的第一天起，她从不打扫房间，不购煤气水电，不刷碗，更不刷马桶，简直就当在住宾馆一样，她是一位傲骄的公主，而我就是她的服务生。

后来，我生病了，在床上躺了一周，她就让垃圾在家里堆了一周。我实在忍无可忍了，爬起来把屋子打扫了一遍，扔掉了所有的垃圾，洗干净了所有堆在水池里的东西。结果她带了外卖回来，吃完之后，照例杯碗碟盘全堆在水池里。

我一下子怒火中烧，发了飙。结果她四处跟人说，我多么不近人情，她那么可怜，长这么大第一次离开爸爸妈妈，本来就什么都不会，而我从小就独立生活，什么都会，却不肯对她包容一些。

于是也有同学来劝我：你应该宽容一点、善良一点。我哭笑不得。你可以想象，我除了无语，还能向他们解释点儿什么？

后来工作了，走上社会，我发现这样的事情越来越多。有些人，根本就没有独立思考的能力，只要站在看上去可怜的那一边就好了，多简单！我想，他们之所以要标榜"善良"又给别人套上"善良的枷锁"，**只是因为做一个"善良"的人，要比做一个"讲道理"的人轻松。**

我有个好朋友，谈恋爱的时候被男友"劈腿"。几年之后，这位前男友和新欢结了婚，似乎过得不幸福，而且不幸地得了什么病。反正结果就是他来找我的朋友借钱，说是要救命的。

我的朋友不假思索就拒绝了他。然后也有人跑来劝她说："你应该善良一点，无论以前发生过什么，现在毕竟是救一条命。"

## Chapter 1　你以为的善良，其实只是懦弱

跟我说起这件事儿的时候，朋友敲着桌子大骂起来。我知道她为什么要骂。那年，因为他"劈腿"，两个人分手，万念俱灰之下她欲轻生，万幸家人及时发现，送她进医院给抢救了回来。她自己这条命，也是命！

现在互联网发达，看得多了，你自然也就明白了。那些新闻评论里总有人在说："如果有足够的钱，谁会去抢劫呢？"其实这些见别人被抢劫、被欺骗、被背叛、被压榨，都号称仍旧应该宽容的人，往往是当自己利益被触犯的时候跳脚最快的那些人。

他们有些是希望世界上有越来越多的人不懂得据理力争，这样，等他们想要不讲道理的时候就没人反抗了。有些是觉得反正被伤害的也不是他们，正好可以借机宣扬一下自己有多么深邃的思想和多么慈悲的心灵。

无知即恶。这世上有些东西，起因比结果重要，但有些事情，真的是结果永远重要过原因。比如伤害他人，比如赤裸裸地侵占他人的利益。

我在想通了这个道理以后，就选择不要将自己的"善良"送给不讲道理的"弱者"做挡箭牌了。我不再想听谁说，他是无心之失，他是好心办了坏事，他只是不知道、不懂得，所以我们就该理解他、原谅他、善意地对他。

**你的善良必须有点锋芒**

　　我只要做一个讲道理的明白人,我只在意真正的善或者说真相。我不想顺从某个人的劝说,然后没有原则地从众而行,做那个既委屈自己,又纵容"弱即有理"的人。世上最可笑的,莫过于真正负责任且善良的人,居然因为所谓的善良之名而寸步难行。

## Chapter 1　你以为的善良，其实只是懦弱

## "丑话说到前头"并不"丑"

> 一直在努力成全别人，却忘记了最应该成全的是自己。

妹妹想买车，开口跟月收入不过五千元的阿琪借五万元。阿琪不好拒绝，四处凑钱给她。之后每个月阿琪都得勒紧裤带，精打细算地过日子。苦熬了一年，阿琪还清了欠债。没想到，妹妹又来找她借钱买房。

阿琪一怒之下说："要钱没有，要命一条。"姐妹俩大吵了一架，妹妹赌气卖掉车，将之前借的钱还给阿琪。然后，好长一段时间妹妹都不跟她说话，但阿琪却有一种无法言说的解脱感。

你是不是也是这样，一直在努力成全别人，却忘记了最应该成全的是自己？而且，你明明有自己的想法，却碍于情面不事先

说清楚,导致最后往往是伤人伤己。

**有**时候,丑话说在前头,反倒有可能避免事情向不可控的方向发展。

何况,你无须把自己的位置摆得太低,不想做的事情不必勉强自己去做,一味地忍让和取悦,那不是善良,而是懦弱。

**在你能力范围之内的,你可以伸一把手;超出你能力范围的,要果断拒绝**。这是一种对风险边界和责任边界的确认,没有人应该为了成全别人的欲望而委曲求全。

现实生活中,很多人不敢说出自己的真实想法,不敢事先把所谓"丑话"说给别人听。就像我的同事张青和李意佳。两人刚认识不久,张青就今天让李意佳帮她做PPT,明天让李意佳帮她写策划案,后天一起吃饭还让李意佳买单。李意佳其实并不愿意就这样被人指使得团团转,但苦于不好意思开口,默默忍受了半年,最后实在没办法了,只能到公司后尽量躲着张青。结果这样的行为引发了张青的不满,她开始故意跟李意佳作对,让李意佳在公司非常不好做人。

人际关系,包括工作关系中,我们与人相处也应该先小人后君子,自己不愿意承担的压力、不愿意忍受的委屈和不想独自面

## Chapter 1　你以为的善良，其实只是懦弱

对的问题在一开始都跟同事说开，才能避免以后的工作中因一些小事引发矛盾。

**虽然很多话事先说出来似乎不太好听，但可以让我们的交往回归理性，消除信息不对称带来的失望和愤怒。**

我们生活中许多矛盾其实都是没有把丑话说在前头所引发的。

我们顾忌别人的感受，不想让人难堪、失望，这固然是一种难得的美德，但是如果一味地顺从别人，害怕说出自己内心的想法，正说明我们对别人的肯定和赞许过于依赖。换句话说，就是我们缺乏自我肯定和欣赏的能力。因为向内求不得时，就会不顾一切地向外索取，通过不断地对别人说"是"来维持一种成瘾性的虚假自尊。

还存在一种情况，作为对"善意"的回报，我们也能得到别人的肯定、感激和认同，然后获得一定的价值感和存在感。但是，当我们决定顺从别人时，实质上存在一种心理暗示：我们不用为自己的行为负责了——不管这样的决定是不是合理的，是不是理性的，是不是会产生难以预料的后果。

为自己曾经在委屈中做出各种妥协行为而后悔的小莉说，她一直都没有想过，自己和男朋友的浪漫爱情，竟然有一天

差点儿被打败。

小莉家世良好,跟男朋友交往的几年里,双方感情也很好。但是等到谈婚论嫁的时候,她发现男方父母对解决两人住房问题一事避而不谈。

本打算和男方共同出资买房的小莉想,反正都是一家人了,以后什么都好说。所以她独自承担了婚房的首付和房贷,房产证却写上了两人的名字,打算之后再和男友家人一起设法偿还房贷。

临近婚礼,小莉才得知,男友的父亲生意失败,已负债累累,已经上了银行征信系统的黑名单。关于怎么供房的问题,她希望男友给点意见,但男友却说,事实就是这样,家里肯定指望不上,他也没有办法。

小莉无助而迷茫,男友竟然都不愿意站在她的立场考虑问题,这婚还要不要结?男朋友究竟值不值得嫁?

我就给小莉建议,她当下最应该做的是确定男朋友的决心。毕竟,她要嫁的是男友,不是他父亲。男友父亲的债务与他无关,他父亲上了征信系统黑名单也不会株连到他。一旦父亲公司破产清算,也无非就是需要他们供给老人基本的生活与医药费罢了。或者她不怕将丑话说到前头,就先跟男友立下书面协议,说明房产问题和将来赡养老人的问题,力求保证两人婚后的家庭经济不

## Chapter 1　你以为的善良，其实只是懦弱

受影响。与其将来被绊倒，进退两难，还不如一开始就把条件都摆出来，去留皆有备，得失不住心。愿意嫁就摆明态度，守住底线，没什么了不起；不愿意就一拍两散，再不往来就是。

两个人在一起，最能记住的是最近说的话，而不是当初的承诺。当你一开始就孤注一掷，失去了自我的底线时，你也就失去了平衡两人关系的机会。而健康的人际关系取决于依赖和独立的平衡。当小莉听从了我的建议，学会了对自己说"是"，对男友和他家人说出"不愿意"和"不行"时，她没想到这感觉好极了，而且事情也顺利了起来。

男友的家人毕竟知道自家的事儿，他们已经是那样的状况了，正盼着儿子能有个好的归宿，自然事事都答应，一切的话都可以说在前头，包括签订婚前协议等等。

如果按照小莉之前的想法去做，最后还真有可能两人的爱情和婚姻都不会得到一个好的结局。

这件事过后，小莉说平生第一次发现，原来尊重自己的感受根本不需要多少理由。忙不过来时，她可以礼貌地跟同事们说本周自己的工作已排满，请大家将需要对接的工作向后排；真的太累了，回到家，她也可以对丈夫提出今天不做家务；项目碰到问题了，她也可以主动去找领导请求帮助，或者一开始就有理有据

地争取更多的支持……除了感到轻松外,最让她意外的是,同事、朋友和家人不仅没有远离她,而且开始在事前就征求她的意见。她发现自己不但没有被边缘化,反而得到了更多的尊重和重视。

当你迈开自己的双脚,你会发现别人的反应并没有你想象中那么糟糕。**表达真实的想法,不"依赖"、不"取悦",可以让我们的生活从别人的眼中回到自己的手中。**只有学会自由地奔跑,才能尽享生命的阳光。

# Chapter 1　你以为的善良，其实只是懦弱

## 做人要学着适度"零容忍"

> 有时候，善良不能没有锋芒，否则真等于零。

你是不是和我一样，自认为是一个很善良的人，有时甚至还会怀疑自己是不是有一点懦弱。因为每次遇上什么好事情，都不会去跟别人争。倒不是因为争不到，而是觉得这样做会有失风度。能帮别人的时候，也会尽量去帮，哪怕知道被骗了也不会去拆穿人家。

你是不是从小就听人说"善有善报"，然后现在和许多人一样，越来越不敢相信纯粹的善良与正义？

## 你的善良必须有点锋芒

**我**有一个朋友，跟我关系很好。他们一家目前就住在一间面积不足六十平方米的房子里，环境很一般。朋友已经二十好几岁了，还没有自己的房子。她的父母以前在某家福利很好的单位工作，那时候单位给分房，她的父母本来可以分到两套房子，一人一套（当时还没结婚），但是他们没要，因为觉得不想占单位的便宜，而且结婚以后只要一套房子就够了。

后来单位效益不好，她的父母自谋出路了，也就一套房子都没拿。

再后来，她的爸爸做生意挣了一些钱，买了一套房子。本来打算留给她当嫁妆，结果她们家的一个亲戚要娶媳妇，来诉苦说买不起房子，又哭又闹。她爸爸没办法就把房子卖给了亲戚，也没多要钱，多少钱买的就多少钱卖了出去，想着过几年再攒钱给姑娘换个大点的房子也好。

可没过几年，房价暴涨，然后她爸爸的生意也黄了。她想出国读书，但是家里拿不出那几十万，所有的亲戚朋友，包括那个买了她家房子的亲戚都说没有钱，不愿意借钱给她们家。毕业的那天，她哭得很伤心，她说她一直都想出国，想看更广阔的世界，但是她去不了，因为不能给父母增加经济压力。

朋友一家的家风很好，待人友善，做生意也本本分分，为什

## Chapter 1　你以为的善良，其实只是懦弱

么落得这般光景？说好的"善有善报"呢？还是说她或者她的父母不够善良呢？

也许很多人还是相信有纯粹的善良和正义的，只是越来越多的人不会再这样去做了。

在周围很多人都表现出冷漠、贪欲和一味索取的时候，**善良如你我的普通人，付出的善意越多，他们的贪欲就有可能越大**。

我再讲一个以前的故事，你就会明白，为什么我会告诉你这样的道理。

我高中的时候在外省借读，认识了一个同乡的朋友。他的家境不是很好，人也有点儿自卑。在家世方面，我从来是有意地避开不谈，不希望了解他太多的个人情况带来尴尬。大家一直就因共同的爱好走在一起。

然后我们一起准备高考，在同一个培训班里上课。每天都要高强度学习，中午不回家，那时他基本上都是蹭饭吃。一周七天，大概五天都是我主动付两个人的饭钱。本来家里给我的钱也不多，但是我觉得这样做也没有什么不好，毕竟他的家境确实差一点儿，我们又是朋友，所以从未有过一句怨言，就这么帮他付了半年多饭钱。

## 你的善良必须有点锋芒

后来我们要一起回老家参加高考,家里担心两个小孩不会照顾自己,所以就给了我几千块钱,还让我带了一张银行卡,交代我们说要住好一点的酒店,考试就打车去。他身上大概就带了三百多块钱。基本上从回老家第二天开始,几乎全程都是我出的钱,住宿、车费、饭费等等,连返程的车票都是我买的。

我也从来没有因为这些给他脸色看……我从来没有觉得我帮他付钱是一种善良,只是觉得我们是朋友,这是我应该做的。

后来我们进了同一所大学,只是不在一个专业,教室离得很近,有时还一起上公开课。没想到,我竟然听到了一些流言,说他家如何如何有钱,回老家高考的时候住的是什么酒店之类的。

一开始我真的没有在意,我知道他以前有些自卑,现在进了大学,出于男孩子的自尊心和虚荣心理,他那样说我也觉得可以理解,毕竟也没有造成什么危害不是?于是,我没有揭穿他。

直到大三的那一年,我的同学来跟我说,他在背后跟人说我欠他钱。我的第一个反应是不可能。后来我去问了他们班的同学,才知道他真这样说过,而且说的时候还表现出一副"没有办法啊,那么多年的朋友了难道还能去要"的表情。

我觉得莫名其妙,怎么都控制不住怒火。我当时就找到他,当着所有人的面问他,我什么时候欠了他的钱。但他的反应却十

## Chapter 1　你以为的善良，其实只是懦弱

分让人心寒。他先是不承认说过这样的话，见躲不掉时又变得特别理直气壮："就算我这样说了又怎么样？你敢说你从来没用过我的东西？"

我当时特别愤怒地说了一句："要是没有我，你准备高考的那阵子就已经饿死了！"

结果呢？从此他有了一番更好的说辞——他那个时候也没有多少钱，就蹭过我几顿饭，我就一直记到现在，他当时真的应该饿死算了。

人生的旅途上，你一定会碰上一些奇葩的人和事，除了自认倒霉，可能让你连吐槽的力气都没有。

我想说，有时候，善良不能没有锋芒，否则真等于零。越是善良的人底线越要高一些，才不至于纵容他人；越是善良的人越要懂得拒绝，也算是对自己的保护。

善良如你我的人，有时候就得在事情变坏之前学着适度"零容忍"。

## 善良是一种选择，需要的是智慧

> 聪明是一种天赋，善良是一种选择，后者要比前者难得多。

有本书叫《自私的基因》，里面通过生物学的解释（这本书算不算生物学？我也不太肯定），探讨善良是什么，正义是什么，道德是什么的问题。

我就不掉书袋了，反正我也没看懂。按照我的理解，自私虽然是推动优胜劣汰的一种心理动机，然而，**善良也并非一种不适宜生存的属性，它具有一种大爱的智慧。**

有时候，一个人有善心善行，不表示他已经领悟了善良背后的真谛。因为，他可能是因为受道德教育、宗教、家庭的

## Chapter 1　你以为的善良，其实只是懦弱

影响，或者说是为了追求社会的认同，所以愿意行善。总之，最终所有因素综合形成的结果就是他做了好事，心里好过些。

我觉得这叫"良知"。不是每个人都要知其然还要知其所以然的，大部分人心中，都有一些不需要求证就相信的结论。这些结论的名字叫"信念"。

那么，一个人为了自己心里好过而做些善事，是自私吗？当然不是——为了自己心里好过而做不善的事情，才叫自私。

中国传统文化历来追求一个"善"字。"人之初，性本善。"待人处事，强调心存善意、向善之美；与人交往，讲究与人为善、乐善好施；对己要求，主张独善其身、善心常驻。记得一位名人说过，对众人而言，唯一的权利是法律；对个人而言，唯一的权利是善良。

**这**话很对，不过，有的善良，却是一把双刃剑。有一种善良叫"低智商的善良"，你付出了，牺牲了，最后还成了一个坏人。这样的善良，有时其实是一种伤害。

刚工作不久的姑娘王静，开始时因为青春可爱、热情大方，颇得几个爱占小便宜的同事喜欢。那时，同事很喜欢来找她聊天，桌子上放的巧克力，招呼不打就拿着吃，三天两头地想法子撺掇

**你的善良必须有点锋芒**

着她请客吃饭,有的甚至直接要求她每天多带一份早餐。对这一切,王静都默默地忍着,反正人在职场,总有交际,总是要花销的。后来,有同事见她好说话,又找她借了两千块钱。大概过了半年吧,同事还是没有还的意思,而王静住的地方房租涨了不少,于是她鼓起勇气要求对方还钱。没想到同事脸黑了:"我刚给家里寄了一笔钱,实在没钱还你。下个月吧。"

王静无可奈何地同意了。没有过多久,那个借钱的同事就离职了,走时连个招呼都没跟王静打,之后,就再也没有和她联系过。从此,王静开始学着不要"随便善良"了,结果所谓的"朋友"就开始嘀咕说她小气。

没有谁不讨厌占便宜的人,只是碍于面子,人家不好意思说罢了。斗米养恩,担米养仇。一开始的过度慷慨,使得别人觉得从她那儿索要的一切都理所当然,而她的付出,在他们看来,也许就不是善良,而是愚蠢。

我们的行为是可以引发一系列连锁反应的,所以该出手时就出手,该反击时就得反击。一个长期受欺负的人,只要有那么一次奋起还击,以后敢轻易欺负他的人自然会少一些。

还有一些"低级"的善良,是施善的人无法发现别人真正的需要,这时的"与人为善"只是在满足自己的情感需求。比如真

## Chapter 1 你以为的善良，其实只是懦弱

正需要尊重和平等对待的是残疾人，有的人会异常热情地帮助他们，表面上看这些施以援手的人确实关怀备至，十分慈善，实际上却是让那些残疾朋友意识到自己的特殊和不幸。

有一种人认为自己"善良"，所以即使干了坏事，别人也没有责备自己的理由。一个四十多岁的成人，出于好意想帮家里分担经济困难，于是轻信金融骗子，把家中仅有的存款都拿去投资了某个听说会重组的股票，结果亏得一塌糊涂。她分明是做错了事，但梗着脖子不承认，半晌憋出一句："我也是为了全家人好。"言下之意，既然我是出于好意，你们就该原谅我。

热情的办公室大姐，每天拉着你聊天，让你完成不了工作任务，或者是每天给你发鸡汤文章打扰你休息的同学，等等。他们让人恼怒的地方不仅仅在于实际上造成了你的不便和不爽，还在于他们是基于"善意"的，你都没有办法怪他们。

**真**正善良的人可能只在乎他是不是做了一件好事，而不在乎别人是不是认为他做了一件好事。**真正的善是在充分了解和审视了事实之后做出的能带来最好结果的选择。**

听过一场亚马逊创始人杰夫·贝佐斯的演讲。

他的演讲原文中先是说了一个故事。贝佐斯先生在儿时跟我

们一样犯过一些小错误。一次，他在奶奶抽烟时，有点"中二病"地试图用一个数字估算来告诉奶奶抽烟对身体有多大的伤害。结果害得他奶奶大哭了起来。

后来，他的爷爷知道了这件事，老爷子对他说了让他铭记至今的这样一句话："Jeff, it's harder to be kind than clever（杰夫，善良要比聪明难得多）。"

就是因为这件事，贝佐斯才说了那句鼎鼎大名的话："Cleverness is a gift ; kindness is a choice（聪明是一种天赋；善良是一种选择）。"

在贝佐斯的演讲里，他说原本他期待自己能够获得"Jeff, you are so smart（杰夫，你真聪明）"这样的评价。然而，"kind"不止中文"善良"的字面意思那么简单，它还包括了同理心、包容度和对任何人的那种尊重。

我认为贝佐斯说得很对。"clever"是天赋，而"kind"是一种选择，后者要比前者难多了；诸位都应该见过"clever"但不"kind"的人。

我知道，由于我们的人口基数，聪明的人一定不少，但是坦率地说，能一直坚持善良的并没有那么多。但我们千万不能因此就放弃选择善良！

>>>> **Chapter 2**

# 说好的"吃亏是福"呢

你无须把自己摆得太低。
属于你的,要积极地争取;
不属于你的,也请果断放弃。

# Chapter 2　说好的"吃亏是福"呢

## 现实这么残酷,拿什么装无辜

| 生活就是"不操这心"就得"操那心"的爱恨纠缠。
| 你当不攀附,不将就,不强求。默然相爱,寂静欢喜。

姑娘坚持认为自己很善良,没有什么欲望——除了希望家人按自己想要的方式宠爱自己,男朋友也能让自己依靠之外。反正"男人嘛,就是应该出去打拼,养活自己的女人和小孩"。她身边的女孩也都想结婚后当全职太太,相夫教子。至于这样的生活可能存在让自己跟社会脱节的风险,她想,这不是还有网络吗!自己完全可以通过网络了解社会,不用参与社会上的"钩心斗角",她也不想终日为工作奔命。

在她看来,社会太复杂,职场太艰辛,而她只希望过得简单一点，工作不工作倒是次要的，无论如何，她可不想为了五斗米而折腰。当然，世界上总有像她一样的人，能遇上难得的美好与幸福。

男生出身高贵，长相俊美，谈吐不凡，已经是某某银行的高管，在北京拥有住宅数处。

虽然姑娘家境普通，也算不上是大美女，但两人自交往开始便十分恩爱。结婚多年，出门仍然是十指相扣、形影不离。姑娘还真过着有钱花且随便花的日子，而且更难得的是，男生连家务也很少让她做。

她生活中有什么难事，只要告诉他，就什么都不用担心了，因为他会扛住所有的风雨。

但是，这样的个案，大概比买彩票中了五百万的概率还低。

我们当然都想在对的时间遇上一个对的人，过上自己想过的生活，但现实中经常上演的是一出出残酷的戏。

也许，这是你一生最黑暗的时期：高堂刚去世，你还没有从悲哀中摆脱出来，孩子又得了病，丈夫也准备和你谈离婚……

也许，这是你必须要面对的惨淡人生：升职失败了，体检又查出肾病，艰难地做完手术后，却发现家中老人身患恶疾……

也许，这是你生活中正发生着的倒霉事：刚刚借钱给孩子支

## Chapter 2　说好的"吃亏是福"呢

付了一大笔学费,但那个不懂事的"熊孩子"竟然因跟同学打架被学校开除,气急败坏的你开车出了车祸需要照顾,家人却对你根本不闻不问。

……

不需要列举更多的故事,我们就能大概看到人们生活中可能面对的各种艰难和绝望的处境。在你最困难的时候,很可能没有人能伸手救助你一把,哪怕是最亲近的人。你不仅要独自对抗不可逆转的生死离别,还要打起精神和不可知不可说的生活开战,只要你还想活下去。

**现**在,你对人性有所了解后,你一定不会再傻傻地认同"单纯有理"。**生活就是一场自己的战争,没有谁可以不去面对人生的残忍。** 就像生存类的独立游戏《我的战争》(*This War of Mine*)一样,在特殊的人生境遇里,你可能不得不独自面对信息封锁、物资匮乏的状况以及这种境遇中表现出的人性之光或道德沦丧。你的一切经历,甚至死亡都可能是意外的、随机的、超乎预料的、无可奈何的、不能逆转的,你无法也不可能置身事外。而这才有可能是很多人在某个时刻不得不面对的人生真相。

希望被善待,被一直温柔地照顾,当然没有什么错。但是,这样的希望并不足以让我们做好面对生活的准备。

已婚男人纠缠异性，害得一个无辜女人被他嫉妒的老婆当小三追打；一个男人对女朋友说完永远爱你，又把这话复制转发给另外几个美女。这样的戏码不时会上演。

如果你只是指望自己千般委屈、万般迁就，然后换来一个人承担起你生活中的所有危机，只能说你真是太天真了。

真正有良心的人，并不需要你如何祈求，他（她）自然会愿意倾他的所有去给予。

**在**亦舒的某部小说中，有人问一名男子为何对女友这么好，男子的回答是，他想到未来她要给他生育儿女，将受那样多的苦，他就会忍不住想对她再好一点。能这么想、这么做，这是有良心的男人。

葛优在某个场合谈到自己的婚姻时也曾说："我们当时的经济基础特别不好，谁也不图谁什么。后来有没有碰见比她好的？肯定有。但我们是在没名的时候就同甘共苦的，干不出再婚换人那种事。"

然而，**生活就是"不操这心"就得"操那心"的爱恨纠缠。**即使你万般幸运，像前文的那个姑娘一样真的遇上了一个不舍得

## Chapter 2　说好的"吃亏是福"呢

你受苦的男人,但如果他没能力怎么办?如果他落魄了怎么办?如果他意外离世了怎么办?如果不做好面对真实生活的准备,**突然遇上了世界的残忍,你怎么办?**

我们没有机会坐等"谁的善良"来抵挡"我的风险"。无论如何,我们都应在能自立的基础上去和人相处,和人相爱。也许获得这样的能力,你得付出很多,但你能因此获得战胜人生各种困境的能力,更从容地直面生活。否则,你所有的表现,只是在"装无辜",只是在打着"我想要简单生活"或"我的善良可以被温柔以待"的名义,放纵自己的天真或者无能。

极高明而道中庸,唯大智者才能单纯而平和。

古人曰大智若愚,能如婴儿一般天真而通透地做人处世,不纠结,不自找苦吃,兵来将挡,水来土掩。

不去指望别人,温柔而坚韧地过自己的生活,这才是残酷世界里的正经事。

爱恨合力,转动着命运之轮,到头来,苦苦地执着,也没能把秋熬过。所以,你当不攀附,不将就,不强求。默然相爱,寂静欢喜。

## 你以为你的付出是你以为的吗

| 如果身边人都对你关上门,很可能是因为你心中从来没有容纳过别人。
| 无意识带来的伤害更痛,道德绑架式的强迫是一种极大的恶。

　　由于自小家庭贫困,张一一早早地外出打工了。多年以后,终于在工作的城市买了一套大房子。有了女儿后,她就想把受了一辈子苦的父母接过来享福,也可以让他们帮着带孩子。

　　母亲因为要照顾生病的弟弟,先来到她家的是父亲。她想,父亲只需要帮她照看一下孩子,做点家务,日子应该会很轻松。父亲的作息时间极为严格,他每天早上六点多必然起床,然后帮着一家人做早饭。早饭快好时,开始给小孙女穿衣洗脸,随后叫

## Chapter 2　说好的"吃亏是福"呢

一家人起床吃饭。

父亲本是一个传统型的大男人。他始终认为洗衣做饭本应该是女人做的事——母亲包揽了几乎所有的家务。而来到张一一这里后,他却要开始做家务。早餐忙完没多久,就得去买菜。买完菜回来带孩子转转,又该做午饭了。午饭完后陪孩子睡午觉后,便又得开始搞卫生。随后开始准备晚饭。

自从他来后,张一一似乎完全没有做家务的意识,这使得他极度失望。于是,父亲开始是挑剔她不讲卫生,随后挑剔她的懒,再然后则大骂她都不照看自己的孩子。

张一一心中万般委屈,为了让父母和家人过得好一点,自己从早忙到晚地工作,怎么可能再分出时间和精力来做家务、照看孩子?跟父亲间的矛盾爆发后,她常常在深夜痛哭。她总在想,已经给足了父亲生活费,也不是非得要他来给自己做饭啊!父亲没来之前,她根本不吃早餐,中午在店里吃,晚上也在店里吃。父亲来后,她也就晚上一顿在家里吃。但父亲既不愿意在外面吃饭,又对在家做饭十分不满。真是怎么做都不对。

无论如何,张一一没法让父亲满意,她只好让父亲回老家照顾弟弟,接了母亲过来。张一一没想到,曾经一向好相处的母亲也和自己合不来,没住一个月便吵着要回去。她委屈到了极点,心想:"我接你们来城里过好日子,给你们买新衣服……为什么你们就是不愿意和我一起过好日子,反而要回去辛苦地当农民?"

张一一的老公建议她让她姐姐过来,同辈人共同话题多一些,好相处。张一一感觉有理,便让姐姐辞去工作到她家帮忙带孩子、做点家务杂事。但是没到一周,姐姐也哭闹着离开了。

事情到了这个地步,显然是张一一自身有问题,但是她自己没有意识到事情的严重性。

又过了半年多,声称永远不会离开她的老公也提出离婚。一向"坚强"的张一一瞬间崩溃,哭喊道:"为什么?我为你们付出那么多,为什么你们一个个都要离开我?"

张一一的老公叹了口气,将所有憋在心里的话都说了出来:

"你自己想想,你和谁在一起能好好相处?跟你在一起,什么都要听你的,不按照你的要求来,你就要发脾气。我要听你的,我家里人要听你的,你家里人也要听你的。孩子吃不下两个鸡蛋,你就像疯子一样叫骂。

"我母亲来帮我们带孩子,你不喜欢,我认为是婆媳之间难以相处的问题,所以把她送走了。原想着你自己的父母过来总没问题了吧,可实际上呢?因为是你自己的父母,你反而更加无所顾忌了。

## Chapter 2　说好的"吃亏是福"呢

"我知道你很好,你为家里付出了很多,但是,如果你付出的这些却给别人施加了无限的精神暴力,你以为这付出还有意义吗?"

张一一无限委屈地说:"你们做得不对,我都不能说两句吗?我为什么要那样地拼命,还不是为了一家人好!"

张一一的老公说:"如果我给你物质上的满足,但早上一起来就数落你,中午看见你就骂你,时不时再打你一顿,你觉得这样的生活会快乐吗?每个人都没有理由拿自己的脾气去伤害周围的人。你看,你自己亲妈都能痛哭着离开。我真的再也受不了所有人都必须围着你转的日子……因为你根本不懂得最基本的相处之道。"

说罢,她老公就收拾了点东西住宾馆去了,整整一个月没有回过一次家。

**委**屈的张一一四处寻找安慰,我开始以为是她的家人都特别不懂得感恩。一个为了家而牺牲了自己全部青春的女孩,竟然这么不被珍惜?但后来聊着聊着我就明白了——事实是,她用情感或者道德来绑架家人的那些依据,只不过是一点儿她自己以为的好意的付出。

她记得支援过姐姐一千八百块钱,却不记得姐姐给予她的要更多。她记得自己坐月子产后抑郁没人照顾,且一再地说因为月子没坐好身体很不好，却不记得父母和弟弟的身体比她更差。

自我的强烈付出感和得不到想要的回应的失落感，导致她十分纠结：自己奉献了全部，为什么家人都不明白她的好。坐月子的事，她对丈夫念叨了三四年，而当年她姐姐也做过剖腹产，同样无人照顾，她却想也没有想起过。

她的自我付出感太强烈了，而且认为家里人应该先改变态度，她的心情才可能好转。因为她认为自己的出发点是好的，是善意的，别人就应该全盘接受。

我们身边总有这种"委屈"的女人，她们心地善良，一直扮演着自以为的"付出者"角色。然而巨大的"付出"，换来的只是完全与期望不匹配的被忽视，感觉很少有人明白她们的好。于是委屈，于是愤怒，然而又偏偏停不下自以为的"善行"。随之，不被理解的伤心和无从表达的失望，化成了没完没了的审判、指责和抱怨。当满满的负能量在她身上显现，身边的人便一个个离去。

其实，她们的期望只是被肯定和赞美，也愿意背负辛苦，倾己所能为家人付出更多，但她们完全不知道自己是在以背道而驰的方法表达着自己的善意。这样的委屈，也一定会导致一种最坏的行为——强迫对方承认她是在为他付出，而且这种付出是值得肯定的。**她们的失误在于，恰恰没有明白，这种强迫行为是一种**

## Chapter 2　说好的"吃亏是福"呢

**极大的恶**。让别人按她们的意愿行事,其实是让别人自己侮辱自己,让别人自己践踏自己,让别人被迫违心地自我贬低、自我忏悔,改正莫须有的"罪行"。

我很懂得受到这种心灵压迫的人的沉默和反抗。**无意识给人们带来的伤害更痛**。有极端行为的人,并不是和我们完全不同的、不可理喻的"恶魔",反而往往是包括我们自己在内的这种平常人。只不过有时候,**我们自以为的付出,自以为的善意,投射到别人身上的时候,其实并不是我们自以为的那样**。

丈夫的离开给张一一的打击很大,虽然她仍然会四处诉苦,强迫别人承认她是一个伟大的"付出者",但她还是隐约感觉到自己有一些不对的地方。**如果身边人都对自己关上门,那么,很可能是因为自己心里从来没有容纳过别人**。于是她联系了一个心理咨询师,接受了一个特别的认知疗法。之后,张一一请求老公再给自己半年机会,她会很好地调整自己。如果半年后双方还是不能很好地沟通,她同意离婚。

张一一说改变还真开始改变自己。首先她主动带上礼物去看婆婆,诚恳地向老人家认错,并且表示只要婆婆愿意,她随时欢迎婆婆到家里住。她还不忘向婆婆坦白,自己当年确实对婆婆有些意见，但现在她明白，婆婆和自己之间的矛盾只是生活时代不同造成的习惯不同，她现在非常明白婆婆的好意。

随后，她也联系了自己的父母，真诚地请求父母原谅自己的霸道。

她学会了接受别人的不同，不再纠结于一些细枝末节，也学会了克制自己的脾气。

由于她的改变，父母改变了对她的态度，连客户和员工似乎都格外喜欢起她来，原来一直不景气的生意，竟然慢慢地兴旺起来，有了更丰厚的赢利……

半年之后，她问老公是否还要离开，她老公笑了笑："恐怕我妈都不同意。她现在可喜欢你了，昨天还高兴地跟我说你给她做面膜的事……"

# Chapter 2　说好的"吃亏是福"呢

## 请将你的善良只给善待你的人

> 对有一些行为,永远只能表示理解,不能姑息和纵容。

　　无论是心灵鸡汤类的书,还是讲禅修智慧的书,总在提醒我们,当遭遇痛苦而抱怨他人的不够友善时,我们应学会换位思考,学会理解别人,要去相信"善有善报""好人有好报",如果你自己变得更好,世界就会更好。

　　但是,我想追问,为什么要一味地要求我们理解别人?如果我们自己受了伤还没有医治,又如何从心理上做到为他人着想?如果我们自己都还没有爬起来,又如何能惦记着再去扶起别人?

　　一直以来,社会只拼命地教我们学习如何成功冲刺一百米,做一个坚强的好人,却从来没有人教过我们:跌倒时,怎么跌得有尊严；膝盖破得血肉模糊时，怎么清洗伤口；心像玻璃一样碎了一地时，怎么收拾。

你被人伤得满地找牙，和血吞泪，拿什么来对伤害自己的人付出善良？你一头栽下，内心淌血，又拿什么来获得心灵深层的平静？

**有**一个女孩说起父亲时，总是泪流满面。她说，在别人眼中，父亲是个很善良的人。他会收养流浪狗，大冬天里怕狗冷，会半夜起床好几次去给狗狗盖被子。母亲打电话说狗狗跑出去被车撞了，他十万火急地赶过来把狗狗带到兽医那里。他看到狗狗要做手术，心痛得直掉眼泪。

然而回到家，父亲因狗受伤的事和母亲大吵了一架。情急之下，不小心把母亲推倒在地。母亲的腰撞到床角受了伤。母亲住院期间，父亲没去看过她一次。

女孩的母亲，说话声调急躁高亢，一丁点儿的事都能引发她的责骂。这使得女孩对安静有了一种变态的需求，她非常讨厌有人在身边说话。有那么一段时光，工位边的电话铃声简直是她的梦魇，偏又常有电话打进来。铃声的每一次响起，她都会吓得打哆嗦。这件事又引起了身边一位男同事的反应。女孩以为铃声也吓着他了，

## Chapter 2　说好的"吃亏是福"呢

不料他说:"不是铃声吓着我了,是你的反应吓着我了。"

这样的一个女孩,我们根本无法想象她的童年会有什么快乐。所以别人都在怀念童年时,她却庆幸自己终于长大了。于她而言,任何一个地方,都要比那个无爱无恩义的家庭温暖得多。

知道别人的痛苦没什么,但是我们怎么会知道人家是怎么熬过来的?我记得这么一句话:一个自小缺少爱的人,最容易"善良",也最容易上当。因为只要人家对他有一点点儿好,他就心甘情愿地以命相许。

你怎么对别人,决定了别人怎么对你。如果我的生死苦乐被你践踏,那么你的生死苦乐也与我毫不相关。女孩也努力过,但是她做不到。哪怕家人那样对她,但她做不到漠视家人。

后来,她按照家人的期望,寻找一朝嫁入豪门的机会,实现一个灰姑娘的梦想。可惜,她最终跟一个穷小子恋爱了。她内心最渴望的东西:被呵护,被宠爱,被纵容,被尊重,等等,都在他那儿得到了。她不敢想象原来自己竟然还可以拥有爱,被爱护,被尊重,甚至拥有话语权。突然有了这样的感觉,那是一种怎样的惊讶、震撼与满足。于是,在后来一段极其艰苦的日子里,她仍然不愿意和穷小子分手。

## 你的善良必须有点锋芒

**在**一个人艰难的时候选择不离不弃,这看上去是怎样一种的"善良"呵!其实故事背后一个赤裸裸的真相是,她的男友其实是一个"渣男";而另外一个血淋漓的真相是,她的这份"善良",并不是真的多么爱他所以不离不弃,而只不过是她在他这里,找到了自己做一个有尊严的人,不会被辱骂或被"伦理道德"绑架做一个逆来顺受的"下等人"的感觉。

她的这份"善良",不过是因为从没有被善待过,所以视首先满足自己最基本的需求为罪恶,而不知道还有比这种"善良"更聪明、更正当的选择。

她其实没有正确给予爱和善良的能力。斩断了一个人的双腿,就不要怪他不能正常地行走。也许,外表光鲜的你,也如此。正如张小娴所说,就算亲情,也是不平等的。要是你拥有爱你的父母,这份爱,被你浪掷了,还是会为你守候,永不会死心。然而,当孩子需要父母的爱,父母狠狠把他丢开,许多年后想要再爱这个孩子,却不一定能如愿。孩子是会死心的。这份亲情,你在他最想要、在他幼小孤单偷偷饮泣的长夜里没有给他,是不能奢望可以赎回来的。

我从来不反对善良,但在讲这个女孩的故事时,我坚决反对那种自以为是的善良。

## Chapter 2　说好的"吃亏是福"呢

对不起，我只会喜欢那些喜欢我的人，只会善待那些善待我的人。**对有一些行为，永远只能表示理解，不能姑息和纵容**，特别是对那些自以为对我好或者为了我好，强势而粗暴地对待我的人。

真正的善良，是让身边的人在平日自得其乐，在需要帮助时你全力以赴。没有任何人有任何权利将自己的"好意"强加给另一个人或者实施自以为是的道德绑架。我不想对自己和别人犯这种"善良的罪"。

人生会有各种遭遇，不管是好事还是坏事，不管是好人还是烂人，你总会在某个时间点遇上。倘若你无力承担，没人能代替你承担，但我仍然希望你知道，这些事是在所难免的，**你无法跟执着于个人观念而伤你的人理论，你只能努力让自己不被打倒。**

倘若你能扛过去，不必逼自己去原谅伤自己的人。如果有一天你挺过了所有的伤害，终于拥有了坚强，也不必对谁说都是因为谁曾经伤你那么深，才成就了今天的你。你现在这么优秀完全是因为你自己强大，当年没有被他们打倒而已。

有时候，犯错的人并不知道自己在伤你甚至是残害你，然后还会怪你不优秀、不争气。要是不小心遇上了烂人破事，我们只能自己一个人扛过所有的苦与痛，但这并不是要教会你悲观，而是教会你人世的智慧。

你要去相信,你没有能力时,本应该只对善待自己的人善良。你有能力时,这世间则没有不善待你的人,也没有你不能善待的人。

# Chapter 2　说好的"吃亏是福"呢

## 以爱的名义满足的不过是你的野心

| 每个人来到这世间,不是为了按照别人的方式过一生。
| 以爱的名义最容易造成的伤害是剥夺了别人选择的权利。

很多时候,我们的亲人,我们的爱人,会用自以为正确的爱的方式来爱我们。

他们会义正词严地用自己的经历去告诉我们,路要怎么走才合适。

他们会情深意切地按自己的渴望去告诉我们,要拥有什么才幸福。

他们忽略了,**每个人来到这世间,不是为了按照别人的方式过一生。**

于是，很多人便在这样的矛盾中纠结着、痛苦着，还会觉得自己很委屈，常常说着类似"我是为了他好啊""我是怕他受苦啊""我是怕他受伤害啊"之类的话。

其实，他的怕，只是他以自我为中心的感觉。他以为，别人按照他认定的方式过一生就是最好的选择。其实，他所追求的，只是自己的顺心如意。他不知道，爱一个人，就应该尊重这个人的选择，让这个人以自己喜欢的方式生活；何况有时候，哪怕选择受苦，也是一个人的权利。

**以爱的名义最容易造成的伤害是剥夺了别人选择的权利**。如果爱只是单方的一意孤行，那么大概有很多人都宁愿这样的爱不存在。

由于从小受够了贫穷的苦，一个女生的最大愿望是变得富有。环境所迫，她高中毕业后就去沿海城市打工。为了挣钱给家里盖房子，为给弟弟存钱娶媳妇，不到二十岁的她，就愿意为了家人努力、奋斗、死撑。

她最初到工厂流水线上做工人，拿的是计时工资。那时，她的底薪才八百多元，加班费是二十块钱一小时。为了多挣一点儿钱，她几乎天天加班。这样一个月下来，她能拿一千多块钱。然

## Chapter 2　说好的"吃亏是福"呢

后,她只留很少的钱买些日用品,其余的全部寄回家。

这样的日子整整坚持了两年之后,她与负气离家出走的姐姐在一座陌生的城市相遇,两人一起为了那个贫苦的家继续打拼着。

后来,姐姐离开了,不声不响,几乎算是不告而别。更可恨的是,在长达两年里的时间里,姐姐音信全无。那时,她不会去想更多的问题,比如为什么姐姐那么抗拒和家相关的一切?

也许是因为时光流逝、世事变迁,姐姐后来又主动跟她联系上,告诉她自己现在生活得还算可以。但是,她同时也得知,姐姐跟一个贫穷懒散的男人在一起,对方甚至给不起姐姐一个婚姻的承诺。她不甘心,追到姐姐所在的城市去劝姐姐。但是姐姐不愿意跟她走,她只得独自离去,痛哭流涕地跟家里人指责姐姐的种种不是。她不明白,为什么一个"渣男"可以让一个女人死心塌地地追随。

后来,姐姐离开了"渣男",但与家人依然是疏离的、有隔膜的。虽然她与父母都知道姐姐在哪个城市,但要不是她主动与姐姐联系,就听不到姐姐的任何消息,以至于某年生日那天姐姐突然打电话来祝福她时,她竟感动得哭了。

她爱自己的家人,所以愿倾己所有要给家里人最优渥的生活。

她爱姐姐，所以不断地为姐姐收拾各种烂摊子，在姐姐求助的时候，也总是义无反顾地给予帮助。

因为不断地努力，她有了自己的事业，也终于成了城市里的有房一族。她将父母接到身边照顾，然后，也希望姐姐来和她一起生活，她说要保姐姐一世安稳。

姐姐来了，可惜没几天两人就大吵一架。两个月里又吵了好几次。她那样地爱姐姐，姐姐却不理解，竟然说宁愿过行乞的日子也不要她给的这份安稳。她伤心痛哭，原以为总算盼到了一家人在一起过好日子，可最后一切证明，那只是她的一厢情愿。姐姐气急败坏地离开了，她不懂为什么！

她不知道，自己在这些年的生活中一直扮演着坚强的角色，对家人的那种爱与照顾的需求，已经成为她所不能承受的生命之重。而随之无意间滋长的是一种极强的控制欲和让家人都过上她所向往的高品质生活的野心。与她住在一起的人，都必须遵照她制订的计划行事。她总在替家人做着选择，她觉得自己想要的，一定也是家人想要的，或至少是家人需要的。比如，孩子不喜欢学钢琴，她非逼着孩子每天练习，还逼着全家人监督。这使得她身边的人活得极其痛苦。

## Chapter 2　说好的"吃亏是福"呢

**爱**欲于人，犹如执炬逆风而行，必有烧手之患。我们越是想抓住某物，越是可能陷于某种执迷。何况生命本是自我承载，每个人独生独死，无有代者，怎么可以让别人来承担我们的人生期望。

一味要求自己所爱的人以自己的方式去追求自己所向往的幸福，从某种角度来看，它其实是一种认知模式的错误。比如把"吃苦"看作人生中消极的、要彻底避免的东西，在一个人最应该吃苦的年纪去过度干涉和保护他，其实是对生命成长的不尊重。虽然吃苦与幸福的意思背道而驰，但人生所有的经历，包括吃苦，都直接关联生命和灵魂的成长。正如周国平所说，生命的意义仅是灵魂的对象，对它无论是肯定还是怀疑否定，只要是真切的，就必定是灵魂在场。

一个人唯有经历过磨难，对人生有了深刻的体验后，灵魂才会变得丰富。而这也是幸福的重要源泉。现实中的幸福，应是幸运与不幸按适当比例的结合。每个人都有权根据自己的意愿去选择最好的成长方式，无论是吃苦还是享福。

人来世间走一遭，所能拥有的，不仅仅是财富，也不仅仅是名声，还有各种经历和感受。于我们而言，现实生活中的祸福得失、欢乐痛苦都是收入，命运的打击因心灵的收获而得到了补偿。

正如陀思妥耶夫斯基在赌场上输掉的东西，在描写赌徒心理的小说中以极其辉煌的形式"赢了回来"。

别让自己的爱成为对他人的伤害，让他们去经历，去体验，去吃苦，去流泪，因为那是他们人生中最最重要的权利之一。

## Chapter 2  说好的"吃亏是福"呢

# 别用你所谓的善意去强迫他人

| 每一种人生都可能有残缺，不必做太多比较。
| 每一种生活都有很多乐趣，不必做完全统一。

你是不是因为不想伤这个人，不想伤那个人而活得十分憋屈？

你是不是总是遭到意料之外的攻击？

你是不是想摆脱某种困境却又无能为力？

……

你的一切不幸，可能只是你的"内在小孩"精力旺盛却又太弱小。他没有别的事干，闲得只能玩一种叫"与人为善"的游戏。于是，你习惯将他人的一言一行都和自己的原则拉上关系，处处替别人着想，又处处给出善意的指正。同时，又想从中寻找认同感，如果没人给你想要的那种反馈，你就觉得全世界都不理解你，你付出了那么多善意却只能收获痛苦。

你只会这一种活法。只有这样，你在与人交往的时候，内在小孩的旺盛精力才能有地方发泄。而你不明白这样做竟然会把你拉入无尽的痛苦中。

这让我想起一个自己经常接触的家庭主妇来。不得不说，她确实是一位朴实而勤劳的妇女，有着传统中国女性的很多美德：贤、善、贞、慧。

她贤，因为她从来不怕辛劳，一力承担了照顾多病的婆婆、养育孩子的责任，从来没有因为生活的苦难而产生过放弃之心。

她非常善良，无论谁找她帮忙，只要不是确实抽不开身，她都会答应，只要她能力许可，她就会付出。

她一生就跟了一个男人，以她的清秀端庄，身边总有优秀的男人如蜂蝶围绕，但她硬是一生就守着一个男人，不离不弃，尽管他穷、他懒。

她实在是聪慧，只是看她做事，你就会发现她聪明得不得了。她受教育程度不高，却可以辅导孩子的初中作业；那些别人折腾了很久都解决不了的问题，她只要略作思考，便能立刻想出

## Chapter 2　说好的"吃亏是福"呢

办法来。

她还写得一手好字,做得一手好饭,绣得一手好花,会做衣服、鞋子……还有很多女人干不了的活,她也都能干。

但你完全想不到,这个女人在家里,却是被婆婆厌、丈夫憎、孩子不喜的角色。如果不和她生活在一起,真的难以想象,像这样一位优秀的女性,怎么会与幸福无缘,怎么会生活得那么委屈?

和她打过交道的人就会看到,她和《偷书贼》中那个收养了五个孩子的女人一样,善良,但却有一种奇怪的能力——把自己认识的所有人都得罪。可能是因为,她看什么事情都会强行搭上自己的处事原则,然后对本来很好的事情的评价就变成了"善意的指责"。

比如,丈夫挣了点儿钱,满心欢喜地给她买了一件衣服,却被她数落了半天,她倒不是嫌衣服不好看,而是觉得丈夫不该为她乱花钱,丈夫殷殷的爱的关怀,换来的却是责备、抱怨和挑剔。孩子考试得了第一名向她报喜,她马上义正词严地提醒说,你不该骄傲,这次才考了班里的第一,那个××考了全校第一。

这个可怜的"刺头",就生活在自己的错位世界里,不断地辛苦付出,不断地向人表达她的善意,却不断收到本不该有的打击。

**你的善良必须有点锋芒**

直到现在,她依然不能理解为什么每个人都与她不同频。她觉得自己没有想去伤害谁,说的话也没有问题。

这一点倒是真的,她的那些话,若单纯从内容上看,确实没有几句是有攻击性的。而问题就在于,在她的世界观里,似乎只要出发点是好的,别人就应该全然地接纳她所表达的一切。如果真的因此伤害了别人,她又觉得自己出发点是好的,不该被怪罪。她无法站在别人的立场去体验她加诸别人的伤害。很多时候,这种伤害仅仅就是因为她的善意带来了"道德绑架"或者她表达这种"善意"所带的"批评"。

不知道是谁说过,沟通中情绪占70%,内容只占30%。我深以为然,"刺头"在很多时候之所以让人感觉带"刺",不是因为他们的行为会造成多大的实质性伤害,而是因为引发那些行为的情绪透露出了严重的攻击倾向。就像励志大师马登说过的那样,如果我们拿着一根骨头骂骂咧咧地叫狗来吃,它一定会被吓走,如果我们温柔、友好地说"过来,我要弄死你",它却会跑过来。

**世间唯一的真理是,你向世界释放了什么,世界便回报你什么。**若你释放的是抱怨,得到的必然是指责;若你释放的是批判,

## Chapter 2　说好的"吃亏是福"呢

得到的必然是反驳；若你释放的是攻击，得到的也必然是反击。

我曾经遇到过这样一个同事，无论别人说什么、做什么，他都当成是别人的恶意攻击，然后又总是恶意攻击别人。我们常常要开会讨论策划案的问题，这位"刺头"同事容不了一丁点儿不同的意见，而且他也看不起别人辛苦做出的东西，在讨论别人的方案时，从来不是从市场可行性方面提问题，而是用"很烂，一般般，根本不行"等字眼简单粗暴地否定别人。只要别人与他的意见相左，他就觉得别人是有意打压自己。果真是应了一个真理，越是挑剔别人的人，越是害怕被别人挑剔。

我们必须懂得，**每一种人生都可能有残缺，不必做太多比较；每一种生活方式都有乐趣，不必完全统一。**

当一个人觉得全世界都在针对自己时，他最应该做的不是去抱怨他人，而是反省自己，想一想，是不是自己不能与这个世界和谐相处。

## 吃亏是福，但总吃亏哪儿来的福

| 对于命运设置的磨难，弱者的应对是退让与憎恨，稍强者的应对是妥协与抗衡，更强者的应对是坚韧与抗争，最强者的应对是自强与超越。

一个人的成长，必得经历许多难以忍受的寂寞、痛苦和忧伤的浸泡，然后生命才能成熟、圆满与丰盈。

安洁过完大学生涯里的最后一个快乐生日后，开始寻找薪水优厚、前途美好的工作。如果顺利的话，她很快就会和男朋友买房结婚。对于年轻人来说，有情饮水都能饱，所以那时的她觉得天空蓝得没法想象，直到找工作的那天。

## Chapter 2　说好的"吃亏是福"呢

那天，安洁与男友手拉着手进了招聘会现场，男友帮她投递了简历。这时，令人惊讶的一幕发生了，面试经理随手把简历丢在旁边的杂物堆里。安洁当即就来了气：你凭什么看都不看就丢掉我的简历？

妆容完美的招聘经理，用职业化却明显带着轻蔑的语气告诉安洁，她作为招聘经理有资格随便处理应聘者的简历，不需要解释。安洁愤愤地站在台前不肯走，男友感觉十分尴尬。见两人不肯走，招聘经理瞟了一眼他们后，解释道："我不需要连简历都要男友帮忙投递的员工。"

男友弯腰从杂物堆里捡起安洁的简历，交给她说："我到旁边去等你。你很棒，要相信自己可以胜任这份工作。"

安洁重新递给招聘经理自己的简历，对方接过后放在一叠文件上，开始收拾东西，同时告诉安洁："有消息了我会通知你的。"

安洁拿出五块钱递过去说："不管有没有好消息，请都给我打一个电话。我很想得到这份工作。如果不能，也请把坏消息告诉我。这是电话费。"

招聘经理看了看安洁，有些诧异。安洁把钱放在桌面上，挺直了背脊离开了会场。

原本以为自己不可能得到这个工作，不料，一个星期后，招聘经理给安洁打来电话："周一来上班吧，就在我的部门。试用期三个月。希望你的工作能力可以与表现出的骄傲一样让人印象深刻。"

像大多数要强、不认输的大学毕业生一样，安洁到了新单位把工作放到了生活中第一的位置。娱乐、男友、朋友、亲人都是次要的。她要让看不起她的经理对自己刮目相看。

然后，现实给她狠狠地上了一课。安洁进公司策划部两个多月，经理给她安排的工作尽是打字、打印、整理资料、冲咖啡之类的杂务，没有任何技术性的事项。尽管她已经很努力，但仍没有任何可表现的机会。周而复始的琐碎工作让她烦躁不安，她开始不那么用心了，每天懒洋洋地干一些事混日子。

经理看到安洁的懈怠，把她叫到办公室后丢给她一个档案袋："该学的东西你不学，不该学的牢骚你倒是有一大堆。与其花时间抱怨，不如试试做做这个案子吧。"

档案袋中的资料是关于公司新近接到的一个大案子的。安洁知道自己从来没有做过企划案，根本不可能独立完成任务。但经理却对她说："能做出来就继续在这里干，做不出来就赶紧走人。"

安洁听后真想拂袖而去，但是好不容易争取到这份工作，还什么成绩都没干出来，如果就这样轻易放弃了，短期内很难找到类似的平台了。没有退路，安洁只好逼自己在最短的时间里学会

## Chapter 2　说好的"吃亏是福"呢

做企划案。为了掌握更多相关的专业知识，有很长一段时间，她都得加班到凌晨两三点钟。坐在幽静的格子间里，她能听到的只有敲击键盘声和自己的呼吸声。

即便她想得出很好的创意，因为实践经验不够，最终也可能无法独立地完成一份漂亮的企划。但天道酬勤，多日的辛劳让她终于做出一份大致的企划案交给了经理。

结果经理把企划案按规范模式修改一遍后，署上自己的名字提交给了上级，随后的项目解说会上该项目方案非常顺利地通过，没有人知道方案的核心创意是安洁废寝忘食地做了整整一周才做出来的。

经理分明是明目张胆地欺负她这个新人。但是为了不得罪经理，安洁再一次把怒火按了下来。安洁没有想到的是，之后对方变本加厉，凡是棘手的难题，都交给她处理，而且动不动就威胁她要是不愿意做就走人，这里不缺想来干的人。

**虽**说"吃亏是福"，但这说法并不完全准确。一则要看你吃多大的亏，有的"吃亏"是要命的；二则常吃些小亏是可以的，对日后的生活有用，但关键看吃亏之后有无反思，有无改观。如果一味地吃亏，哪儿来的福？

**你的善良必须有点锋芒**

安洁知道，如果一味地这样妥协，就会永无止境地妥协下去。在经理三番五次这样后，安洁再也忍不下去了，用词恳切而委婉地向人事经理写了封请求调动岗位的信，且把自己和经理往来的工作邮件一并转发了过去。

很快，安洁接到了职位变动通知：由于员工安洁工作认真细致，处事讲究方法，创新思维能力强，故经公司研究决定，晋升其为企划部创意中心负责人。部门经理本人虽然没有遭到什么处罚，但是明眼人都知道她已经失去公司的信任，再也无法随意使唤安洁了。不被故意打压的感觉真的很好！

**对于命运设置的磨难，弱者的应对是退让与憎恨，稍强者的应对是妥协与抗衡，更强者的应对是坚韧与抗争，最强者的应对是自强与超越。**

## Chapter 3
## 多余的牺牲他（她）不懂心疼

老天爷的事儿你管不了，
别人的事儿与你无关。
请守护好你的亲密距离，
不要"越俎代庖"，
也不要"被越俎代庖"。

# Chapter 3 多余的牺牲他（她）不懂心疼

## 那多余的牺牲都是情感的重负

> 我们总善于伤害那些爱我们的人，因为我们根本伤害不了那些不爱我们的人。

通常在爱情和婚姻关系里，一点"牺牲"都没有的状况是不存在的，但更合理的方式应该是不管哪一方做了多少"牺牲"，都是建立在双方互相认可和接受的基础上。否则，任何单方面的傻乎乎的付出和心不甘情不愿的牺牲都是病态的。

如果对方真的爱你、尊重你，希望你实现自我价值，便不会对你的"牺牲"表现得那样理直气壮、心安理得。同样，你也不要以"我为你牺牲了这么多"去绑架对方的人生，觉得全世界都亏欠你。事实上，这么做时，是你在亏待你自己。

与其想着怎么"美好地牺牲"，倒不如想着怎么"更漂亮地活"。

有个女人来做心理咨询。她诉苦说她与丈夫是大学同学，由于婚后丈夫找工作困难，打算继续深造，所以她放弃考公务员的机会，选择自己工作供老公读书，家里一切的开销及家务也全部由她承担。

后来，丈夫读完研究生，在上海找到了一份好工作。而在那四年中，她通过努力也做到了公司的中层。可是丈夫的工作单位更稳定、待遇福利更好，所以她选择辞职跟丈夫去了上海。到上海一段时间后，他们有了孩子，为了更好地照顾孩子，她干脆辞职当了全职妈妈。

又过了三年后，她发现自己与丈夫渐渐疏远，不久，丈夫跟她摊了牌，提出了离婚的要求。她很不甘心，觉得自己简直就是现实版的秦香莲，丈夫就是陈世美。她这些年以男人的事业为重，接二连三地放弃自己的机会，一心支持他，最后竟换来这样的结果！

不料男人振振有词："我逼你供我读书了吗？我要挟你到上海了吗？不都是你自己的选择！生活不能回到过去，现实的走向就是这样，我对你已经没有感情了，强求又有什么意思？"

听到这些，女人几乎崩溃。她不是痛恨多年的牺牲原来是那么多余而无用，而是痛恨自己竟然没看清在婚姻中原来一直都是自己一厢情愿地执迷不悟。

假如他们的生活因为丈夫事业有成而逐步改善，两人过着浪漫而富足的日子，她不会觉得自己对他的支持和让步是不值得的。

## Chapter 3　多余的牺牲他（她）不懂心疼

又假如她预知七年后的生活走向是丈夫的嫌弃和抛弃，她觉得自己不会选择主动放弃自强独立的机会。再假如不是她支持他，而是换了丈夫全力支持她去追求事业，她觉得自己也会取得非常了不起的成绩。

可惜生活没有那么多假如！何况扪心自问，如若假设成真，她才是婚姻中那个事业有成的人，那么当她每天面对一个没有事业支撑的丈夫和其他更优秀的男人的时候，她就会满意这场婚姻吗？这才是真相！

在婚姻或情感关系中，当初自愿的选择，现在只能贴上"牺牲"的标签，无论是对"付出者"还是"享受者"来说，都是一种重负。选择支持爱人的学业，也算是一种善良的成全，而选择支持对方的事业而完全放弃自己的事业，则只能算是一种多余的牺牲。

如果我们从这段情感故事中抽离出来，更客观地分析一下，也许还会看到更残酷的真相。一个人事业上取得成绩，诚然有家人支持的因素，但根本上还在于自身的努力。

婚姻中用各自的"付出比例"来衡量彼此应有的责任，于理有据，但于情则不够智慧，因为这样做其实就是把婚姻当作了一种投资——她期望用自己的时间、青春、耐心、事业心及发展机会,来换取丈夫的成功,然后换来丈夫的感恩、真情和永不变心。可事与愿违,于是,她"赔了本"却无可奈何。哪怕最终的离婚判决能给予物质的赔偿,却换不回她人生的损耗。

常听到这样的抱怨:

"我为这个家牺牲了这么多,到头来得到的却是背叛!"

"我为他牺牲了自己的事业,熬成黄脸婆,他却不要我了!"

"我为她得罪家人、疏远朋友,全部心思都放在她和孩子身上,到现在她却嫌我事业心不够!"

这些话里都有一个共同的词语——"牺牲",似乎只有"牺牲"才能换来情感、婚姻上的筹码。但从逻辑关系上来说,一个人的"牺牲"并不是另一个人成功的唯一条件,甚至也不具备直接的因果关系。不然,单身者岂不是永无出头之日?因为没有爱人为他们做这些"牺牲"啊!

很多时候,**我们所谓的"牺牲",都是一种多余的付出,往往会成为双方的情感重负。**

作为"付出者"的一方,需要不停地继续强化最初的付出行为,以维持自己一贯的形象,即使自己已经不堪重负,也不能改变,否则就显得前后矛盾、言行不一。越是这样,其内心积累的

## Chapter 3　多余的牺牲他（她）不懂心疼

渴望情绪就越强烈，对对方的表现就会抱更高的期望。如若事情不是朝预期的方向发展，内心很容易失去平衡，从而对两人的关系产生强烈的质疑和绝望感。

作为另一方的"享受者"，承受的心理重压并不比"付出者"少，因为作为这个家庭改善经济处境和社会地位的唯一出路，本来两个人的事，现在一个人做，压力可想而知。如果幸运地成功，而且双方感情没有发生变化，当然皆大欢喜。倘若事情的发展出了偏差，对方就会睁大眼睛质问："你的良心被狗吃了？"

**当你把人生需求完全交给别人去满足时，就不要怪别人会让你收获失望**。夫妻之间，本无血缘关系，最强的关系纽带是彼此的喜爱和眷恋。没有感情，再多的责任和义务都是乏味的。当年的美丽和温柔，或者英俊与担当，如今变成讨债似的互相攻讦。爱没有了，婚姻还如何勉强维持？早知今日，何必当初。

其实你没有参与他（她）的生活的时候，人家照样活得好好的，还比现在更自由。明明缺乏平等意识，却以爱的名义去做多余的牺牲，强迫别人满足自己的期待，就会失去了各自的界限。

真正的爱，是给别人需要的东西。如果你表现爱的行为，人家不在乎甚至根本不想要，自己还不开心时，就要停下来，思考自己的动机。但是偏偏有很多人明明内心十分不满，却仍然要去付出。

为什么？因为我们害怕对方的离开，害怕对方用糟糕的方式对我们，害怕独自支撑失去依赖感。这些都不是真爱，而是恐惧。

**我们总是甘愿被那些我们爱的人伤害，那是因为我们爱他们。我们总善于伤害那些爱我们的人，因为我们根本伤害不了那些不爱我们的人。**

如果你所谓的爱的行为是这样，那么，请停下来，承认自己不成熟。不成熟的人照顾自己的精力都不够，哪有精力照顾别人？还是把时间和精力用于自己的成长吧！

Chapter 3　多余的牺牲他（她）不懂心疼

# 没了自己，就只是为别人而活

| 这是一个你怎么定义自己，世界就怎么定义你的世界。
| 不要害怕改变，不要害怕尝试，人生并不是只有一种活法。

　　世间有一类人最痛苦，他们不知道怎样按自己的意愿生活，又不甘愿自己的生活受别人的摆布，害怕失去对生活仅有的一些掌控力，失去当下拥有的一些东西，便不得不终日被迫按照别人的要求行事。

　　这种妥协中的痛苦，是对无力改变现实的自己的不满。

　　**人之所以痛苦，并不是因为掌控力的缺失。自我价值感的丧失才是根源**。因为不知道自己的价值所在，所以不知道自己要坚持什么，为什么而活，也不知道应该为什么而努力，只好按照别人定的要求而活,根据自身最本能的愿望而活。

当你逃不出这些思维的束缚,认为自己必须向当下的环境妥协,比如家庭——无论和睦不和睦,比如工作——无论喜欢不喜欢,比如维持一些社会关系——无论自己需要不需要。

于是,为了让父母高兴,你忍受着左右看不顺眼的妻子,尽管心里恨不得她快点从自己的面前消失,但你不得不与她生活,忍受着她无尽的唠叨与抱怨。

为了孩子有一个健全的家,你忍受着贫困和一个不求上进的丈夫,虽然你那么痛恨自己当初有眼无珠,遇人不淑,无数次想就此一拍两散,但你却依然忍受着痛苦,忍受着那个不良人。

为了保住眼前稳定的生活,你忍受着艰辛的工作和一些难缠的同事,虽然你万般不喜欢这份工作,从一睁眼开始就抗拒它,可是你还是拖着疲惫不堪的身子,苦哈哈地在地铁里"挤成照片",唯一的所求只是不迟到,虽然拿不到什么绩效奖,但还能落个全勤奖。

为了家中某一个人的期望,你放弃了自己喜欢的职业,投身于一成不变、无比枯燥的工作。无论你有多不愿意接受被安排,但是你想,那是家人为你好,他们不想你受苦,所以你也就放弃挣扎了。

## Chapter 3　多余的牺牲他（她）不懂心疼

……

一直在用"为了……"来解释你的安于现状，你是不是觉得自己很无用、很委屈？

你这么不诚实地活着的原因，仅仅是你不接受自己正是那个自我价值感缺失的普通人啊！你无力反抗潜意识对你的自我追问，又需要一套说辞来说服自己心安理得地继续痛苦下去。于是，你一直不去寻求生活的另一种可能。

**不要害怕改变，不要害怕尝试，人生并不是只有一种活法。**正如世界上最伟大的销售员乔·吉拉德，一生换了四十多种工作，在三十五岁走投无路之时，才终于找到了能充分发挥个人才能的职业，登上了人生巅峰。

**你所需要的，只不过是迈出一步，真正认知自我，重建自我价值感。**

要知道，你目前的人生不过是活在计较中抉择利害而已——两利取其大，两害取其轻，你之所以愿意担负那么多的委屈，是因为它能给你带来"眼前的利"——无论是身体的，还是心灵的，而唯独没有帮你构建真正的自我价值感。

比如，你为了父母而忍受妻子，可能的原因：一是你无能为力，找不到更好的方法，又必须给二老交代，所以你忍受一个你

## 你的善良必须有点锋芒

不喜欢的妻子，其实只不过是不想被别人说不孝敬；二是你必须依赖父母，也许他们能给你更多的物质保障，所以你不得不委屈自己，选择牺牲个人的愉悦来成为父母眼中的好孩子。但终极真相是，这一切和你父母无关，和世俗评价无关，也和你不得不忍受的妻子无关，只与做出选择的你的自我利益判断有关。

比如，你为了让孩子有一个完整的家，然后在贫穷中忍受着丈夫的伤害。看上去，你是善良的妻子，伟大的母亲，其实你只是软弱。你害怕你一个人给不了孩子幸福，你害怕你一个人会忍受不了世间的白眼，你害怕你一个人将来无法给孩子交代。虽然你拥有的很少，少得让你极度痛苦，但你害怕一旦离开，连仅有的保障都要失去。所以你虽万般不满，却拒绝改变。种种对不确定性的担忧，让你成了自己固有观念的奴隶。

比如，你为了保住一份表面上还算凑合的工作，忍受着不好不坏的待遇，忍受着前程不明的惶恐，也忍受着工作过程的痛苦和与同事相处的不融洽。这一切的一切，都只因为，你认为自己没有能力找到一份更好的工作，你不得不忍受下去。你想着这份工作至少可以维持日常开支。所以你无法享受工作过程的乐趣，成了时间和金钱的双重奴隶。

## Chapter 3　多余的牺牲他（她）不懂心疼

所有的这一切，令你非常痛苦。接下来会发生什么？可能产生两种变化。

**其一，痛苦会产生愤怒**。这种愤怒会激发你的自卫性反击，但由于这种反击看上去针对的不是产生痛苦的对象，于是在别人看来，那只是一种简单的发泄或排解。

比如，某公司的老总一大早因和老婆吵架，到了办公室里还余怒未消。恰好有位业务主管要汇报工作，老总极不耐烦地说："这点事都解决不了，我要你们干吗？"这位主管碰了一鼻子灰，悻悻地回到了办公室。这时，主管下属的一位业务员有事要请示他，主管极不耐烦地说："这种事情还来找我解决？你们自己怎么不多动动脑子？自己想办法去！"这位业务员碰了钉子，感觉很沮丧。下班回到家刚坐下，儿子想问他数学题，他气呼呼地说："就你事儿多，一边儿去！让我清静会儿！"儿子被爸爸的无名火搞得很郁闷，正要灰溜溜地走开，却被自己一向很宠爱的小猫绊了一下。儿子正窝着火气没处发，冲着小猫就是一脚："讨厌，没见我心烦吗？叫什么叫？一边去！"

**这就是著名的"踢猫效应"**。看上去描述的是一种典型坏情绪的传染过程，但事实上，它描述的却是因为痛苦而产生的无法压抑的自卫性反击向弱者转移。

从公司老总到可怜的小猫，构成了一个伤害力逐渐减弱的金字塔。如果我们的伤害力比伤害我们的对象强或差不了多少，我们就会直接反击。但是，如果我们的伤害力与伤害我们的对象相差太多，我们无力迎战，这种自卫本能就只能发泄在弱者身上。那些给你提了种种要求的亲人或爱人，或许其中有一两个表现得较为强势，但他们的伤害力，实际上与你相差不了多少。

所以，你一边为某事而委屈自己时，一边会产生各种自卫性攻击情绪，这会使你变得易躁、易怒——你以一个痛苦者的心智模式活着，心中充斥着种种被逼无奈。你不明白，你其实是在以"我是被逼无奈"的受害者模式来拒绝改变需要承担的代价。

**这是一个你怎么定义自己，世界就怎么定义你的世界**。当你以一个受害者的心态去面对生活时，你就已经成了生活的受害者；当你以牺牲的姿态去面对世界时，你会真的被世界牺牲。

**其二，痛苦会产生积极功能**。当你感觉被忽视、被损害或者不被关爱，情绪都会刺激你提升自尊感，从而实现自我疗愈、自我修复和自我进步。

虽然世间确有一些痛苦，是我们怎么努力都无法让其消失或缓解的，但那只是由不可抗力因素导致的少数情况。大多数生活中来自人际伤害的痛苦，完全可以通过自我努力避免，只不过我

## Chapter 3　多余的牺牲他（她）不懂心疼

们往往看不清自己真实的诉求。

鱼和熊掌不可兼得，既然选择了当下的舒适（你会说你很痛苦啊，既然你不改变，就意味着你害怕改变会带来更大的痛苦，此时虽苦，相比之下，依然是较舒适的），就得承受它带来的自我意志压抑。即使如此，我们的内心也不必因此暴烈不安，我们完全可以主动终止"踢猫效应"产生的恶性循环，在自我价值重构的痛苦里，努力争取一份稳稳的幸福。

只要我们明白自己的行为是可以改变的，他人的一些攻击纯粹属于无法自主的本能，我们先修炼出强大的包容力，然后把自己的心智模式切换为自我实现模式，就可以让自己变成一个可以终止任何伤害的强者。

## 有一些"好"永远不会被感激

| 别人对你好是因为别人喜欢，你对别人好是因为自己甘愿。
| 不是所有的付出都有回报，也不是所有的付出都需要回报。

有个老师说过一句很有道理的话："永远不要为你所爱的人过多付出，除非你做得到永远不去提及。"这句话说得很好，我们很多人总是打着爱的旗号，理直气壮地控制他人。只要有一点争执，自觉付出更多的一方就会说"当初对你如何如何"……

如果一个人的善意行为被自己定义为不对等的额外付出，一旦对方的回应达不到她（他）内心的期望，失望便会产生。可是，我得说失望的绝大部分原因在于她（他）自己。"付出感"是扼杀爱情的元凶，额外的善意可能是情感的毒药、情绪的炸药，它会

## Chapter 3　多余的牺牲他（她）不懂心疼

不知不觉中扼杀你和对方想要的更平等、更自由的幸福。

某一位祥林嫂式的长辈，一边坚持她自认为善意的给予，一边责怪自己的丈夫和孩子没有对她报以感恩之心。她每天早上一起床，就开始抱怨自己的丈夫，先按财富排行榜把丈夫和熟人比较一番，再按勤劳模范榜把丈夫和其他男人比较一番，还会根据体贴榜、性格榜等做比较，最后得出自己丈夫穷、懒、不关心家庭、脾气坏的结论来。随后，她的念叨又转到儿女身上，她觉得大女儿长得太矮，二女儿学习太差，小儿子身体太弱。

只要一有机会，她就不断地跟人诉苦，说自己家人这里不行，那里不好，可怎么办喔？自己一个人做得这么辛苦，日复一日为他们操碎了心，可为什么她对他们那么好，却既享受不到回报，也得不到认可？她觉得自己活得太憋屈。

其实，没有人逼她天不亮就起床为谁忙活，一切的辛苦都是因为她摆脱不了"本性"——实际上是因为她有"委己待人"的讨好型人格，所以每天重复着得不到感激的辛苦生活。同时，她又总是心有不甘。一个典型的"怨妇"就这样炼成了，她从早到晚挑剔家里每一个人。虽然她是家中最辛苦的一个，却也是引发家里所有冲突的那一个。

换句话说，只要她认为自己对他人的"好"必须被"回报"，才能获得"爱与被爱"的满足，那么这样的"好"就很难被感激。因为别人生活中的自主选择，并不一定需要你的"善意"去干涉。

这不仅是一个需要换位思考来看待的问题，它还涉及更深层的同理心。比如，有一天，另一个命比她还苦的远亲找她诉苦。起初她挺同情对方，所以主动给了那位远亲一些善意的建议和物质的帮助。再后来，当对方再来找她诉苦时，她几乎想马上赶那位亲戚走了。

我问她为什么，她说："有谁受得了这样一个人，一开口就重复说她是多么辛苦，得到的却多么少？"

听到这里，我笑了："你不也是这样吗？"

她一听勃然大怒，拒不承认，因为她觉得自己的付出是那么真实，并且她能随时举证自己所受的苦多么冤枉。而别人的倾诉，对她来说就是莫名其妙的骚扰。她没有想过，其实大家都有一份"不容易"，谁都"苦"着自己的苦。对人对己，我们的标准，差异是如此之大。

在内心，她无疑是爱她丈夫的。为了家里日子过得更好，她随时随地提醒丈夫应该跟她一样努力，那无疑也是善意的。但是，她动不动用道德去"绑架"自己的家人，**结果使得这些"好"不**

## Chapter 3　多余的牺牲他（她）不懂心疼

**仅不被感激，还成了家人想要逃离的"情感重负"**。所以，家人对她不仅难有感恩之心，而且对她从来没有好脸色。

记得一个来做咨询的男人曾经绝望地说过这样一些话：

"她是对我很好，可是早知如此，还不如她没有对我好过。她动不动就拿'我如何如何对你好'来压我……"

人生本来就没有相欠。别人对你好，是因为别人喜欢；你对别人好，是因为自己甘愿。不是所有的付出都有回报，也不是所有的付出都需要回报。当某种关系中你有强烈的"付出感"的时候，说明对你来说这关系可能已经临近崩溃！

生活都是由自己选择的，无论是为老婆放弃了爱好，还是为老公牺牲了青春，抑或是为孩子放弃了事业，一切的一切，只要不是别人胁迫你这么做的，那么在那当下，你就完成了情感的平等交换。你不能以为，你的这种"善行"就像钱存进了银行，别人必须在某天根据你所期望的利率还清本息。

路，是我们自己在走的，没有人能理解我们最真实、最具体的感受和需求。不管是心理学家、情感专家还是人际关系咨询师，即使可以为我们分析，给我们提供解决问题的建议，但他们不能代替我们去理解我们经历的一切。决定权最终在我们自己这里。

可是，有谁天生就能懂得我们想要的一切，并给我们这一切呢？除了我们自己，没有任何人可以！

终极的"爱与被爱"的需求，只能由自己去满足。

这个世界上，只有唯一的一个应该，就是你应该爱自己，并且因为要爱自己，所以去提升爱的能力。

## Chapter 3　多余的牺牲他（她）不懂心疼

# 一味地胸怀天下只是给自己添堵

| 无论你把悲伤或畅快说得多么生动，都没有人能真正感同身受。
| 在复杂而微妙的关系中，我们最难把握那种恰恰好的善意。

有句名言说得好，世界上只有两件事最难：一件事是把别人的钱装进自己的口袋里，另一件事是把自己的想法装进别人的脑袋里。

人类是深度合作的物种，天性中都有依赖同类的需求。我们不可能完全没有交集，所以，需要在一个彼此都感觉舒服的范围里来"求同"，同时也需要尊重个体的个性差异，接受他（她）的不同以求"存异"。

## 你的善良必须有点锋芒

**每**一个生命都有着完全不同的历程,每一种意识都经历了自己独特的形成方式。**在复杂而微妙的关系中,我们最难把握那种恰恰好的善意。**

比如,善良的你,心中总是装着别人。你以为你应该为他(她)撑起天下,你以为只有给他(她)最好的、取悦他(她)、将就他(她),才能守得住彼此的承诺。然而,你是爱吃肉的狼,所以认为应该给吃素的他(她)端上你精心准备的羊肉,结果他(她)完全吃不消你送上的"大餐"。

你甚至会以为那是他(她)在故作清高,或者干脆认为自己送上的东西还不够好。其实,以己度人的你只是给自己心里添堵,还不如一开始就不要那么多事。

通常情况下,我们很难看清事情的全貌,何况人与人之间并不存在绝对的互相理解。世界上没有所谓的感同身受,那不过是一个美好的词语。就像故事《弯曲的牛奶布丁》一样。

**两**个穷困的小男孩,在城市和乡间挨家挨户乞食为生。其中一个男孩出生时就失明了,由另一个男孩照顾他。两人就以这种方式一起生活。

有一天,失明的男孩病了,他的同伴对他说:"你留在这里

## Chapter 3　多余的牺牲他（她）不懂心疼

休息，我到附近讨点东西，带食物回来给你吃。"然后他就出去乞讨了。

那天正好有人给这个男孩一样非常好吃的食物，是一种牛奶布丁。他以前从未尝过这种布丁，觉得非常可口，但很可惜，他没有东西可以将布丁带回去给他的朋友，所以就把布丁吃光了。

他回来后对失明的男孩说："我实在很抱歉，今天有人给了我一样很棒的食物，叫作牛奶布丁，可惜我没办法带回来给你吃。"

失明的男孩问他："什么是牛奶布丁？"

"喔！它是白色的，牛奶布丁是白色的。"

由于生下来就失明了，男孩无法了解："什么是白色呢？我不知道。"

"白色就是和黑色相反的颜色。"

"那什么是黑色呢？"他也不知道什么是黑色。

"唉！试着去理解看看呀！白色！"

但失明的男孩就是无法理解，于是他的朋友四下张望，他看到了一只白色的鹤，就捉住了这只鹤，把它带到失明的男孩面前，说道："白色就是这只鸟的颜色。"

由于眼睛看不见，失明的男孩伸出手，用手指去触摸这只鹤，说："现在我知道什么是白色了，白色是柔软的。"

**你的善良必须有点锋芒**

"不是不是,白色和柔软不柔软完全无关,白色就是白色!试着理解看看!"

"但是你告诉我白色就是这只鹤的颜色,我仔细摸过这只鹤了,它是柔软的,所以牛奶布丁是柔软的。白色就是柔软的意思。"

"不,你还是不理解,再试试看吧!"

失明的男孩再一次仔细触摸这只鹤,他用手从鹤的嘴巴摸到脖颈,一直摸到尾巴末端。"喔!我现在知道了,它是弯曲的!牛奶布丁是弯曲的!"

失明的男孩不能了解白色,因为他没有感知白色的能力。

同样的道理,在你的情感或人生境遇中,**无论你把自己的悲伤或畅快说得多么生动,都没有人能真正感同身受**。因为他不是你,也没有机会代替你去品尝"你的牛奶布丁"。

一个人的天生能力、教育背景、生活方式和人生经历决定了他对事物的感受以及他面对各种感受的方式,我们并不具备真正理解另一个人的能力,那也许是天神才具备的能力。所以,如果一味地为别人着想,总希望为对方做得更多,虽然能展现你的天性善良,却同时暴露了你的天性傲慢,因为这样做的时候,其实你已经将自己凌驾于他人之上。

## Chapter 3　多余的牺牲他（她）不懂心疼

你所谓的善行，很可能是对外界做出评判后选择的一种行事策略。你很可能是在用不断牺牲或委屈自己，来换取别人的理解或信任。你的出发点是好意的，只是没有想到结果竟然是给自己添堵。

如果，你认同以上的分析，那么不如退一步，重新审视一下自己的行为。

你已经主动展现善良了，别人怎么没有回报你以善良？

你认为自己是善良的人，是不是因为你受伤害的时候不会选择反击？

你不离开差劲的伴侣，是不是因为如果离开了你就没了存在感？

你不敢拒绝向自己求助的人，是不是你不那么做就没有什么价值感？

你善良地为别人做很多事，那只是你还没有吃够"善良"的苦头。或者说你胸怀天下，不过是对自己的一种拒绝，你在自己身上找不到足以支撑自己前行的力量，找不到独自面对未知恐惧的勇气，所以才会不断地向外寻求，希望找到同行的伙伴，找到一种安全感，然后无论你的好意换来多少委屈，你都默默忍受。

你一心想成为别人眼中更好的自己，只是因为没有勇气成为更真实的自己罢了。

当善良让你一直做出错误的选择时,当现实把你打得满地找牙时,你将不再苛求自己"随便善良"。

或者,你可以试一试南怀瑾先生在《禅与生命的认知初讲》一书里传的一个咒子:"有一个同学,有一次忘了什么事,我说我传你一个最好的咒子,'去你妈的'。后来这个同学告诉我,哎呀!老师,你这个咒子真有用,当我最痛苦时,我就想起'去你妈的',就好了。"

Chapter 3　多余的牺牲他（她）不懂心疼

# 除了你自己谁也没资格打击你

| 有时候，你不逼自己一把，你就不知道自己有多优秀。

你是否总是在想别人是否喜欢你，每天在猜测中度过？

人一旦因这种内心的不安而感到迷茫，便可能一味地软弱下去，在众人的目光中倒下。很多美好就是这样断送在无谓的不安与软弱中。

在某个心理访谈节目上，一个女孩说因为自己长得丑，大家都看不起她，领导爱整治她，同事爱挑剔她。若是有同事在她背后交头接耳，她就会特别气闷，觉得人家又在嘲笑她、评判她。总之，全世界的人都和她过不去。所以，她最后的结论是：

要去整容,要去隆鼻。但是整形过后,她依然感觉自己不美,内心十分痛苦。

其实这个女孩并不丑,至少看起来身材匀称、四肢修长,五官也算端正。唯一的缺陷是她的脸上缺少青春女孩应有的阳光,她的表情总带有一种委屈以及怨恨,让人看起来似乎带着一种奇怪的"阴郁"。

只要她不是总紧绷着一张脸,而稍加化妆让面部表情柔和起来,那么她的气质很可能会有很大的改变。

可惜的是,她的不安和由此带来的猜疑破坏了一切。比如,她说公司质检部的人总是故意挑她的错。质检人员的本职工作不就是挑错吗?她却认定那是人家在针对她,因为她长得丑。她又说,最气愤领导找她的麻烦。实际情况是,也有其他同事被领导批评,然而别人都能心平气和地接受,只有她总当"刺头",一定要找上级领导投诉。

从她的表述中知道了她对自己的认知有问题,当期访谈节目上的心理学家决定和她做两个游戏。

一个游戏是他与主持人看着她说悄悄话,让她猜测说的是什么。另一个游戏是"打人"游戏。

于是,心理学家和主持人耳语了一番,然后问她:"你觉得我

## Chapter 3　多余的牺牲他（她）不懂心疼

们刚才在说什么呢？"

女孩说："肯定是说我今天的穿着有问题……"

心理学家笑了："你听到我们说的话了吗？"

女孩说："没有。"

"那你听到过那些同事说的话了吗？"

"没有。"

"也就是说，你并不知道人家说了什么，但你却主观地认为，他们一定是在说你坏话。"心理学家继续解释道，"其实我们刚才讨论了过一会儿该谁请客吃饭的事情，然后主持人还说她注意到你的耳环挺漂亮的。"

女孩觉得不好意思了。

心理学家接着说："其实，我们身边有人走过时，我们都会下意识地瞄一眼，但不代表我们就一定会去谈论这个被自己看了一眼的人。"

女孩听后，若有所思："可是，很多人爱说我长得那么丑，还那么不会打扮……"

心理学家站了起来，说："我要打你。你要是过来，我就要打你。"然后他问："我打着你了吗？"

女孩摇了摇头，说："可是，如果你一定要打我的话，一定打得着。"

心理学家让女孩走到他身边，这下，他的拳头果然可以打着她了。

第三次，心理学家又不断做出要打她的姿势，但让女孩不要走过去，然后说："我要打你，一定要打你。"随后他又问："我打着你了吗？"

女孩摇了摇头，道："我明白了。第一次，你说要打我，没打着，是因为我没走过去；第二次，你打得着我，是因为我走向了要打我的人；第三次，虽然你说一定要打我，但是我不走近你，你就打不着我。"

心理学家又说："有些时候，别人确实会有伤害我们的心，但既然我们知道谁要伤害我们，我们为什么不退避三舍，反而要凑过去让自己受苦呢？别人说你外表不够美，你就一定要用他人的主观感受来评判自己吗？"

**没**有人有资格打击你，除了你自己。很多时候，有一些伤害，我们可以不自己制造，有一些伤害，我们可以不迎接。

一位挺有写作天赋的作家曾对我说，有人在她的微博留言指责她不是写作的料，写了书也出版不了，还说了其他一些打击人

## Chapter 3　多余的牺牲他（她）不懂心疼

的话。她说自己对此很气愤，不想写书了。

我就奇怪了：一位作家在自己什么都没写时，就因为别人的几句话而放弃了准备许久的作品？这是典型的将自己的人生寄托在他人评判之上的现象——她不明白，自我肯定，自我相信，自我激励，是我们最大的权利。

我们所能得到的都是自己努力的回报。正如人们常说，如果有不幸，你都要自己承担，别人的安慰有时候于事无补。所以，**我们没有必要一边忍受别人的打击一边独自难过，我们应该努力把自己的骄傲和快乐写在脸上。**

当然，有的人确实是"事儿妈"，似乎不给人挑挑刺就没法证明自己的存在感。有个作家，总爱评判说谁谁谁整天写作也不能把自己写成莫言，写成郭敬明。这就好像人家连孕都没有怀，他就在那儿判断人家的孩子长大没出息，是不是太过武断了？这位"伟大的批评家"好像也没有写出什么惊世之作，连俗作也没见着一本呢。

面对这种人，我们实在惹不起还躲得起。千万不要自己撞上去找不自在。我们生来必须接受作为社会性生物的一些社会关系上的束缚，但是，**我们要学会用一部分的束缚去交换一部分自由，然后在这些自由里成长为更好的自己。**

## 你的善良必须有点锋芒

虽然成长必然充斥着伤痛,但不要因为自己的不自信,就假想他人是在批评自己,没有人肯定自己,让自己在各种关系中处于不利地位。

《万物简史》中有段很好的话:**我们要做自己的主人,做自己的上帝**。很多有益的,甚至只是自己喜欢的事情(不包括违法的),自己喜欢就好。"只要热爱,就已足够。"

如果我们做某件事时希望别人肯定自己,只能说明,我们对那件事还不够热爱。

很多时候我们需要听取他人的意见,但这并不意味着我们就一定要听信别人的说法。而且有的时候,你真的不知道,有些人是不是在胡说。

美国的著名女演员索尼亚的童年是在渥太华郊外的一个奶牛场里度过的。那时,她在农场附近的一所小学里读书,常常被同学欺负。有一天,她满脸泪痕地回到家里,父亲问她原因。她说:"班里的同学都说我长得很丑,还说我跑步的姿势很难看。"

父亲听后笑了笑说:"我能摸得着我们家的天花板。"

索尼亚听后觉得很奇怪,不知父亲想说什么,她停止了哭泣,问道:"你说什么?"

父亲又重复了一遍:"我能摸得着我们家的天花板。"

## Chapter 3　多余的牺牲他（她）不懂心疼

索尼亚仰头看看天花板，天花板将近四米高，父亲怎么可能摸得到？所以她怎么也不相信。父亲笑了笑，得意地说："不信吧？那你也别信你同学的话，因为有些人说的并不符合事实！"

索尼亚明白了，任何事，都不能太在意别人说什么，要按自己的想法去做。二十四五岁的时候，索尼亚已小有名气，一次她准备去参加一个集会，但经纪人告诉她，由于天气不好，可能只有很少的人来参加，会场的气氛会比较冷。经纪人的意思是，作为新人，应该把时间花在一些大型的活动上，增加自身的名气，不必耗费精力去参加这样的小活动。

但索尼亚坚持参加这个集会，因为她承诺过要去参加。结果，那次雨中参加集会的人不少，而且因为知道索尼亚要来，参加的人越来越多，她成了当天真正意义上的大明星。

不被别人的言行左右，才能开始做自己的主人。有时候，**你不逼自己一把，你就不知道自己有多优秀**。

就像《阿甘正传》里说的一样，生活是一个装满了各种味道的巧克力的盒子，你要不打开吃的话，就永远不知道自己拿出来的是什么口味的。

# 请守护好你的亲密距离

| 你要知道,老天爷的事你管不了,别人的事与你无关。

曾和一位智者讨论黎曼几何时,我问过他一个问题:什么是数的本质?

答曰:数本身所反映的本质之一必然是界限。"1+1=2"并不是说累加两个一模一样的东西,而是将两个有界限的某物相加;如若没有区分,数字1和数字2就失去了数本身的意义。

正如这个世界上没有完全相同的两片叶子一样,世界上也不会有价值观完全相同的两个人。早期受的教育不同,童年经历不同,读的书、接触的人不同,自然信念体系就会不同,看待问题的角度、解决问题的方法也会有千差万别。

## Chapter 3　多余的牺牲他（她）不懂心疼

**有**清晰界限感的人会意识到这种不同，并尊重这种不同。而界限感模糊的人，面对彼此间行为的差异时会非常痛苦：

"你怎么这样办事儿？"

"你怎么能这样对我？"

"你怎么会有这种想法？"

心智不成熟的模式思维让他们不能理解别人为什么不能按自己的想法去做事。由于习惯性地以自我为中心，而不是理解和接受各自的界限，很难接受差异，总认为别人的做法不对。于是"越俎代庖"地侵犯别人的边界。

鲁迅笔下的阿Q就是这种思维的典型代表。

用三尺三寸宽的木板做成的凳子，未庄人叫"长凳"，他也叫"长凳"，城里人却叫"条凳"，他想：这是错的，可笑！油煎大头鱼，未庄都加上半寸长的葱叶，城里却加上切细的葱丝，他想：这也是错的，可笑！

很多类似的思维逻辑，可能造成可笑的场景或带来某些遗憾。其实生活中只有三件事：自己的事、别人的事和老天爷的事。**你要知道，你只需要做好自己的事，老天爷的事你管不了，别人的事与你无关。**

然而在我们界限感很差的思维国度里，认知自我、认知世界的教育，一直是我们所缺少的。

随意的言论，随意的信息传播，那是界限感模糊的人干的最多的事。比如在朋友圈给大家推送一些并不优质却稀奇古怪的文章。这些文章很可能缺少真正的思考，习惯用极端的例子来说明观点，而不是用推理来证明观点。再比如，以为别人都不知道，所以转载一些别人其实并不需要的常识性的知识。这些其实都在传达一个隐藏的观念："我学到的就是对的、好的，你一定要知道、要赞同。"

这让我想起了电影《狗牙》——一部希腊电影的开场白。它发生在一个奇特的封闭家庭里，描述了极权的父母希望用语言表达来控制三个孩子对世界的认知的荒诞场景："今天，我们要学习的新词包括大海、高速公路、远足旅行……大海是一种皮质沙发，当你累了，你就可以坐在大海上休息。高速公路是一阵强烈的风。远足旅行则是一种坚硬的材料……"

每一个生命，都会因自己的经历而有了无法复制、绝不雷同的体验场，也因此有一个同样绝对不雷同的认知体系。我们习惯从自己的坐标出发，去推测、揣摩、评价另一个人，却完全忘了，对方也有一个体验场，有一个与我们完全不同的认知体系。所以，我们即使换位思考，也无法通过理解而精准地知道对方的感受和

## Chapter 3  多余的牺牲他（她）不懂心疼

认知体系，由此，可能带来许多人际关系的认知错位。

绝大多数人之所以平庸（主要是不作为）地活着却又享受不了平凡里的快乐，是因为欠缺最起码的常识和认知能力。他们几乎都是矛盾的综合体：既自大又自卑，眼高手低，目光短浅，好高骛远，多重标准。有时己所欲施于人，有时己所不欲施于人，心机深却又肤浅天真……

**因为把承认道理是对的和懂得道理本身当成一回事**，于是导致"懂得很多道理，依然没能过好这一生"的情况出现。

因为缺乏边界意识，所以不尊重别人的选择，于是遇上别人不领情或不买账的情况时，经常得为自己的自以为是埋单。也因为我们一直在为别人埋单，然后又有很多"单"指望别人来"埋"，于是吃了很多人际关系里的"苦"。

其实你受的这些委屈，不过是在告诉你，你是可以避开这些遭遇的。我们能做的是守护好亲密距离，不去侵犯他人的界限，为自己的行为负责，为自己的选择埋单就好。

**重新发现自己，确立自我边界，完成独立成长**。

这真的是一件很难的事。因为我们全部的行为逻辑，都内化在了意识系统里，如果我们想要改变已有的意识系统，得打碎固有观念再重建它。

我想，做这样的事儿，没有人喜欢。以前认为本来应该的事、本来可以享受的福利和行使的权利，都得否定掉，那无异于把自己辗碎，然后重新拼凑一个自己。

**但不管多难，我们还是要去重建自我，如果希望未来过得更幸福一些的话。**

说到这里，我觉得我有必要在本章末尾写一些总结性的东西。为什么呢？我认为：

1.人有权在痛苦里挣扎，没有哪条规定要求所有人都必须快乐，因为某一痛苦的终极意义于某人的天赋本能来说，不过是两害取其轻的最佳选择，如果痛苦A可避免更大的痛苦B，她（他）完全可以选择A。

2.人生几十年如梦如幻，往事如烟，但当下的感受和对未来的期待，还是会让我们追求更多的幸福感和愉悦感，我写的东西可从在某个角度为他们提供一点点认知参考。

3.善良如我，有权选择自己喜欢做而又不伤害人的事。

所以，该如何在守护好亲密距离的同时，慢慢重建自我？我给出的建议是：

1.放弃对亲密关系的过度在乎，学会在自己的身上寻求支撑和肯定，哪怕会因此遭到他人的反对和指责。即，学会坚持自己的

## Chapter 3  多余的牺牲他（她）不懂心疼

观点而不是委曲求全或者攀附某人。

2.要时刻提醒自己惯性思维的缺点，随时跳出自我，反省自己的言行，别因为短暂的感受就马上肯定或否定什么。别因为一时看不到恶果，就觉得不需要去改变。

3.你要明白，优秀的人都是有能力在不知不觉中努力把自己变成更优秀的人。

4.误会和不被理解是常态，不要逼别人懂自己，也不要逼自己去取悦他人。

5."一切皆有可能"的意思是下一秒发生什么都理所当然，遭遇是非或升职加薪，得病或中奖，失望或惊喜……我的意思是在你掉到井里时，亲友们可能会搭救你，也可能会选择绕行，甚至朝井里扔石头，而这些都很正常。老天的事，要好好配合，天下雨就要打伞出去。残酷才是青春，吃苦才是人生。

6.当你能坦然接受一切、客观认知一切的时候，请重视承诺，且学会拒绝别人。不会拒绝别人的人通常会答应太多事儿而做不到，然后令自己内疚、别人失望……

7.守护好你的亲密距离，不要越俎代庖，也不要"被越俎代庖"，别人的选择与你无关，人有犯错或痛苦的权利，你我她都一样。爱是给予帮助关怀，坦诚地表达自己的观点，然后深情地拥抱、衷心地祝福，告诉自己在乎的人和在乎自己的人：不需要我时，我绝对不打扰；需要我时，我永远都在。

8.自己想做的事，只能自己做，不可以丝毫假手于人。当然，你若想知道"失望"和"绝望"两个词是怎么写的，可以这么干。别人怎么做事，我们无权干涉，只能尊重和接受，当然，你想知道关系可以坏到什么程度，可以随便玩。

## Chapter 4
## 你有多好,他(她)就能有多坏

有时候,我们要对自己残忍一点,
不能纵容自己的伤心失望。
有时候,我们要宽容,
但切勿纵容,要学会说"不"。

Chapter 4　你有多好，他（她）就能有多坏

## 可以宽恕，但不能忘记

| 有人说，胸怀是被委屈撑大的；有人说，时间是最好的良药。
| 其实所有的宽恕，就是和过去的自己握手言和。

　　从小到大，遭遇过被嫌弃、被背叛，也遭遇过被整个团队的人排挤，被人误解就更是家常便饭。一开始我会努力地解释，甚至试过刻意讨好别人以求被善意相待。结果，却发现没有作用，于是我干脆沉默不语，选择用行动去证明自己。

**有**人说，胸怀是被委屈撑大的；有人说，时间是最好的良药。
　　随着工作年头的增加，交友的圈子越来越广泛，自己的爱好也多，时常和不同的人玩在一起，照样会被人说"花心"，我也

习惯了，从不辩解。但我一直相信人的内心是有向善的一面的。

我坚信，出门在外，总会有许多热心人在你遇到困难时出手相助。我也坚信，许多人对他人的伤害，只是无心。但是，不靠谱的人还是有的。

那天，一个人吃过晚饭后去楼下散步，我突然觉得应该感激生命中所有善待我与伤害我的人。我不知道这种感情是不是宽恕，它更像一种内心去平静接受一切的态度。

然而，我也很纠结。一方面，我觉得可以宽恕，但不该忘记，我不能忘记自己身上所有狗血的、恶劣的、糟糕的，曾经让人崩溃、让人委屈、让人想争口气的人和事；另一方面，我又觉得盲目的原谅与同情是对恶的纵容，是对善良的亵渎。

在看电影《今天》之前，我很难想象宋慧乔这样一个以甜美形象著称的人，有一天会出演一个如此苦大仇深、在内心边缘挣扎的角色。她心爱的丈夫被从未谋面的未成年人开车连撞两次丧命，在一个修女不厌其烦地劝导以及她自己的内心善良与怨恨的剧烈撞击下，最后她"轻率"地选择了原谅对方。

说是"轻率"，不如说是一种顺其自然、一种被迫，结果这样的行为又迫使她不断地寻找答案，寻求自己这样做的意义。她害怕面对真相、面对现实，因为她害怕自己的"宽恕"是一种错误，

## Chapter 4　你有多好，他（她）就能有多坏

害怕自己为死去的丈夫做的最后一个决定是毫无意义的。由于内心的恐惧，她开始自欺欺人地去相信自己的决定是正确的，甚至要教化别人跟她走一样的路，去原谅那些恶人恶行，减轻施害者犯罪之后的内疚。

殊不知，盲目地原谅反而成为减轻那些人罪行的捷径，让他们提早脱离苦海继续给别人带来痛苦。有时候，我们得**收收自己的同情心，面对有些恶，不应轻易就挥霍我们的善良**。

莫言登上斯德哥尔摩颁奖台时，自称是个"讲故事的人"。他那天晚上的演讲基本上也是由一个接一个的故事串接而成的，大部分是他亲身经历过的故事。

我印象最深的是他讲的"记忆中最痛苦的一件事"。这段小故事里，他说到自己少年时，母亲去地里捡麦穗，被守麦田的人打倒在地，口角流血，而那个看守麦田的人"吹着口哨扬长而去"。多年之后，母子两人与那个看守麦田的人相逢时，对方已经是一个白发苍苍的老人，莫言想上前去质问他，想为母亲报仇。母亲却拉住他，平静地说："儿子，那个打我的人，与这个老人，并不是同一个人。"

这是一个非常有意思的故事。莫言的母亲，显然已经宽恕了

眼前这个白发的老人，但是对那个"吹着口哨扬长而去"的打人者，她并不想让他知道他已经被宽恕了。当然，善良如她，更不会让成年的儿子为自己报仇，虽然她并没有忘记当年的事情。

人性有丰满复杂的一面，黑暗肮脏与纯洁善良，很多时候会诡异地融合在一起。人性的反复无常就是如此，是与非从来就不是绝对的对立。面对那些内心感到愧疚，也曾经受煎熬的人，我们可以宽恕，但不能盲目谅解与同情，因为那是对恶的纵容，对善良的亵渎与曲解。

我想说，**宽恕只是与过去的自己握手言和，只跟自身的感受有关，需要的不仅是仁慈之心，还有善良的智慧。**

最后，我再讲一个很久以前发生的故事。

那天，我坐在公交车上昏昏欲睡，突然被经过身边的某位老大妈用胳膊肘狠狠撞了一下，眼镜直接掉到地上。我捡起来一看，镜框已经歪了。我冷着一张脸接受了大妈的道歉，心里极度不爽：我这眼镜刚买不久啊！

等下车的时候，遇到一个小男孩蹦跳着经过身边。我避之不及，一脚踩在了他脚上。看着旁边年轻母亲心疼孩子的表情和责怪我的眼神，我头皮发紧，赶紧道歉，问小孩疼不疼。谁知，小男孩冲我一笑："一点也不疼——不疼，妈妈！"

## Chapter 4　你有多好，他（她）就能有多坏

拉着妈妈走时，他还不忘转身跟我说再见。

那一刻，因为宽恕那位大妈而产生的自我道德优越感，瞬间碎了一地。

我发现，在孩子那里根本没有"宽恕"二字，因为他们还没学会怪怨。

## 纵容他人是对自己的残忍

| 你发现单方面的忍让、妥协对改变你的现状,并不管用。

我们生活中、工作中最大的困难,往往不是来自技术上的问题,而是来自人际交往中的一些棘手问题。这个时候,善良如你,很可能选择退让,选择委屈自己,选择宁愿自己受累也要成全他人。

然而,时间一长你会发现,**单方面的忍让、妥协对改变你的现状,并不管用**。你发现用这样的方式去经营人生,只是让对方更加得寸进尺。

## Chapter 4　你有多好，他（她）就能有多坏

李丹是某公司老总的女儿。刚刚大学毕业的她不愿意进入爸爸的公司接受庇护，她想先去其他公司好好地锻炼一下，在自己真正有能力之后再进入爸爸的公司接受更高的职位安排。

爸爸对女儿的想法表示赞成，李丹通过爸爸朋友的介绍去面试了几份工作，最后进了一家公司。在开始的一两个月里，李丹的部门经理，也就是她爸爸的朋友，对李丹很是照顾，再加上李丹确实很有能力，因此李丹工作得舒心而快乐。

然而，两个月之后，原来的经理升职了，来了一个新的部门经理。这下子，李丹的日子不好过了。

新经理刚上任还没有几天，就调李丹去做没人愿做的苦活，把李丹折腾得够呛。她实在不能忍受，就想辞职。但转念一想，自己找到这份工作着实不易，前任经理又对自己器重有加，更重要的是这份工作是自己喜欢的，能够使自己得到锻炼。如果现在卷铺盖走人，会令爸爸和前任经理失望，也正中了现任经理的下怀。

想到自己当初的豪言壮语，她觉得不能就此认输。不过她清楚自己不能再容忍了，必须采取一些行动，使自己在部门有立足之地。

有一次，现任经理把自己的一份文件弄丢了，结果却不知怎么在李丹的办公室里找到了，于是现任经理借机找她"谈话"。这

次，经理大吃一惊，他没想到李丹竟然拍案而起，对他说："在没有调查清楚事情的真相之前，我希望你不要如此定论。同时，我还要说，首先我没有拿你文件的时间和动机；其次，你无权未经允许就翻员工的物品；最后，我要正式申诉，大家都是一样的工作时间，你给我安排的工作量却比其他同事多出好几倍，这不合理，我保留向公司申诉的权利。"

经过这么一吵，现任经理虽然怒不可遏，但李丹说的句句在理，他只得忍气吞声。从此，他对李丹的态度开始有所改变。

接着，李丹决定以自己的实力赢得经理的尊重，时时事事都做到精益求精，好上加好，让现任经理无可挑剔。如此一来，李丹的业绩进步神速，接连做了不少优质项目，连原本对她不是很熟悉的公司总裁见了她，也总是面带微笑和她打招呼，并不忘鼓励她几句。

面对现任经理对自己的百般刁难，李丹刚柔并济，既不懦弱也不自傲，而是在隐忍中待机而发，通过自己的努力维护自身的利益，一举成功，既让上司知道自己的隐忍，也让上司知道了自己的底线，一切都让他掂量着办。这就是一种自我保护式的与上司相处的智慧。

## Chapter 4　你有多好，他（她）就能有多坏

也许，你也曾傻乎乎地以为善良就是一切为别人着想，自己的一切都可以放弃，自己可以受委屈，而对方终归会理解你甚至被你感动。而事情并非如你想象。没有底线的善良、宽容、退让，其实就是纵容，会让对方得寸进尺，最后把自己逼到墙角。

三毛说："有时候我们要对自己残忍一点，不能纵容自己的伤心失望；有时候我们要对自己深爱的人残忍一点，将对他们爱的记忆搁置。"

几年前，我有一个同学因为出国的事情与男友争吵，导致了两个人分手。她不仅删除了他的一切联系方式，并且在他守在宿舍楼门前时，从楼上倒下一盆冷水。那一层楼的女生，一边倒地同情那个男生，觉得她太残忍。

接下来的一段日子，深夜里总会听到她隐忍的哭声像一只小猫的叫声冲破寂静的黑暗，停了又起，起了又停。毕业后，她去了美国读博。后来一个偶然的机会，我向她提起那段校园爱情，说到她的"狠"，她说："我不是对他狠，我是对自己狠。"

这是一个智慧的女子，不仅懂得不纵容他人，更懂得不纵容自己。而现实生活中却有太多过于柔弱的善良小女子，在容忍中耗尽了爱情。

朋友小A原本是个知书达理的好女子。别人视为洪水猛兽的

## 你的善良必须有点锋芒

婆媳关系,她却不以为意,觉得自己和男友是真心相爱的,自己平时和父母关系亲密,将来只要自己也对婆婆好,将心比心,又怎么可能有矛盾呢?

怀着对幸福的憧憬,她与自己的男友小王走进了婚姻的殿堂。远在北京的我看到她QQ空间里满满的幸福照片,也忍不住发出衷心的祝福。像她那样一个楚楚动人的善良女子,自是值得任何一个男人终生呵护的。

过了两年,他们有了自己的宝宝。看到小宝宝的百日照,我想,这真是一个幸福的女子,有一个爱惜自己的老公,有了自己最心爱的孩子,一家人能如此甜蜜地生活下去,夫复何求?

没有想到,再过半年却传来小A离婚的消息。

电话里,我大为诧异地问:"怎么回事儿?你们不是那么恩爱吗?"她轻轻地一笑,掩饰不住满心的忧伤:"我败了,败给了他妈,败给了他们全家!"细问之下,她才道出苦衷。

结婚之后,婆婆就搬进了他们的爱巢,说是年轻人不懂照顾自己。小A本来也想和婆婆搞好关系,所以不顾丈夫的反对,同意让婆婆过来同住。第二天,她就开始不适应了。婆婆习惯了早起,虽然早起也只是为他们准备早饭。可是在婆婆的观念里,小A没有上班(小A是编剧,不需要坐班)就应该早起给家人做早饭。

## Chapter 4 你有多好，他（她）就能有多坏

小A说自己要给电视栏目写剧本，会工作到很晚，但是婆婆就是不听她的解释。

有一天早上，小A正在睡梦中，突然就被婆婆叫醒："你有没有想过，天气变冷了，要提醒老公加衣服？你这个做媳妇的像话吗？"小A蒙了，自己昨天改稿到凌晨三点钟才睡，一大早又被骂醒，而且丈夫自己是成人，难道不知冷热……

其实是她婆婆一直觉得小A和儿子结婚是她占便宜了，因为她"没上班"，而且自己的儿子特别优秀，小A配不上他。

矛盾在小A怀孕时开始升级，小A在家里只能吃婆婆最喜欢做的那一两样菜，想出去换换口味都会被婆婆数落。坐月子的时候，婆婆打麻将，丈夫加班……如此一来，万分委屈的小A终于爆发了，开始跟婆婆吵架。有一天，婆婆竟然恶意向小王告状说小A因为一件小事骂了她，还在月子里的小A，竟然被气愤的丈夫打了一巴掌……

两个人的爱渐渐消耗殆尽，为了过得安宁一点，小A选择了离婚。

一时的包容忍让谁不会呢，包容你到脾气无上限然后拍拍屁股走人，那简直是再容易不过的事情了。

但懂你的人，一定清楚自己要与你怎样相处，他明白自己的

忍耐极限，因而不会一味地纵容你，他会把你往利于你们关系良性循环的方向引。

所以，别让自己生活得太累，任何关系都需要共同维系，那是彼此的义务。**要敢于叫对方承担责任，要宽容，但切勿纵容，要学会说"不"。**

记住，"对他人过分容忍是对自己的残忍"。我们要善于做一只温良但亦有"武器"的"刺猬"，适当地为自己争辩。在该强硬的时候强硬，该温和的时候温和。

Chapter 4 你有多好，他（她）就能有多坏

## 想给他人热量，先让自己发光

| 人生苦短，别用不适合自己的生活方式害自己。

人生最痛苦的往往不是失败，而是"我本可以……"。也有那么些年，我不知道人生的意义是什么，不知道自己活着是为了什么。

每个人都会有这样一段迷惘的时光。首先，我肯定迷惘一阵子是好事。至少说明我们还有追求，还对生命的意义有追问，还想搞清楚自己想要什么。

人生最可怕的是不知道自己要什么，或者人云亦云，或者依附他人，或者将别人的成功（财富、名气、影响力）简化

成自己的目标（赚钱、出名、向上爬）。

然后以为这些就是自己想要的，拼命努力，却发现所有的结果都不是自己想要的，没有成为自己想要成为的那个发光发热的人。最后，既没能照亮自己的人生，也不能温暖别人的人生。

人生苦短，别用不适合自己的生活方式害自己。虽然**坚持自己喜欢的，不一定能很快成功；但坚持自己不喜欢的，一定很难成功。**

所以我经常跟一些迷茫期的朋友说，如果工作不是自己喜欢的，我劝你"速度换，马上换，立刻换"，一秒都不要耽误。

但也有的人，工作换了无数个，却没一个能干得长久的。这个工作觉得琐碎，那个工作觉得无聊，这个工作觉得有难度，那个工作觉得心累。怎么办？

我觉得这是一个缺乏基础能力的问题，不单纯是喜不喜欢的问题了。比如，有的人很喜欢当演员，可是由于没有演技，只能苦哈哈地跑龙套、当配角，他也会觉得很苦、很累。到这个时候，我们就要问自己，究竟是工作自己不喜欢，还是没有能力干好自己喜欢的工作？

很多时候，不是我们工作的行业不适合自己，而是工作的具体岗位不适合自己，我们必须经历过那些不适合我们的岗位，才

## Chapter 4　你有多好，他（她）就能有多坏

能胜任我们喜欢的。

我原来是做营销的，虽然很努力，但是由于内心非常排斥与人交流，所以干得非常痛苦、非常惶恐。那时候我懂得了这个道理：**不是因为我工作的行业不适合我，而是我必须在掌握那些看上去很无趣的技能后，才有机会去做自己最喜欢的。**

**我**认识的一位小毕老师，他一开始想做工程师。但是工程师有很多种，比如设计工程师、应用工程师、测试工程师、分析工程师等。按照他的专业方向，最适合他的职位是技术工程师。可惜的是，他被分配到了应用工程师的岗位上。每天跑上跑下，保存样品，做实验，做完实验后，还要拆卸检验。

这与他最初设想的工程师生涯非常不符，他每天都过得很沮丧、很纠结，每天都无数次地问自己，如何摆脱不利环境，冲出人生的阴霾。一天，他无意中听到公司高管对大家说的一句话："你们有这么好的语言环境，要好好和办公室的老外交流啊！"一语点醒梦中人，他决定以语言能力提升作为职场发展的突破口。

为了克服不敢与外国人交流的心理，他每天问自己怕什么，并对自己说，你只是小毕，别以为别人会在意你。说错了大不了被笑话，又不会死。如果不去尝试，永远不知道结局是什么。但

是努力过，总会有收获，即使失败，也可以知道下一次如何避免重蹈覆辙。

小毕开始行动。他先看中文版的工作内容，再看英文版的工作内容。把内容搞懂后，拿着英文版去找老外请教。问外国专家问题只是一个方式，学习专业性的知识和英语表达才是重点。他给自己制订了一个计划。每天上午问一次，下午问一次，每次两个问题，之后回家就自学，每天坚持学习英文和专业知识四小时。

从一开始的不敢开口，到每次问问题时多听少说，再到后来的简单回应，他的口语能力逐渐提升，克服了对专业英文知识的恐惧。他的心情真是好极了，就算说到不熟悉的内容，他也不怕。因为他知道，英文只是交流的工具，讲不明白的时候，还可以做手势，实在不行，还可以写下来。他再也不去考虑其他同事的看法，有活就干，没活就找外国专家聊天，然后回家就是写英文日记。

不久，由于职位变动，他成了一名测试工程师。后来，他又做了分析工程师。最后，他由于口语能力出众，跳槽到另一家企业做质量工程师时，得到了出国深造的机会。

由于他是少有的几个能到国外接受培训的人，那些技术标准他在之前跟外国专家的交流中已经有所接触，于是，他又成了一

## Chapter 4  你有多好，他（她）就能有多坏

名技术工程师。

那一刻他明白了，那些年打过的杂、受过的苦，都只是为了今天给他成为一名技术工程师的机会。

**奋斗路上，选择了，就要一步步走下去。人生不迷茫，先得自己坚强；要想给人热量，先让自己发光。**

幸运就是努力学习，努力提升自己的能力，机会出现的时候，可以抓得住。如果我们今天不去尝试，不去勇敢地面对自己、提升自己，将来老去，必定后悔不已。

有一部电影，名字叫《神迹》。主人公叫维维安，在他生活的那个时代，他只能从事最低等的职业——维修工。他父亲是个木匠，所以他干得一手漂亮的木工活，如果他在木工行业奋斗下去，可能会成为一个了不起的木匠。若他如常人那样甘于平凡，甘于自己低人一等的阶级划分，那么，人工心肺的问世，可能要延迟好多年。如果他只想在别人给予的空间里挣扎着过完一生，那么，他可能只会是一个出色的木工。

不同的是，这个小伙子有着当医生的梦想——在那个年代，当医生还是白人男性的特权。

为了实现上大学的梦想，维维安在高中时期便开始存钱，可

惜，他存了七年的学费，却随着银行的倒闭而分文无归。他靠做维修工、清洁工来维持最基本的生计。我们无法推测如果他那年顺利地上了大学，生活是否会更为顺畅得意，但可以肯定的是，那时去霍普金斯大学给心脏外科医生巴洛克教授当清洁工并不是那么坏的一件事儿，因为巴洛克教授发现了他的才能。

在最初的时候，巴洛克教授并不看好这个黑人青年，甚至不认为他干得好清洗工的工作，因为他的"前任们"无一例外地让教授失望过。但维维安很快用自己异常的灵巧和聪明证明，他不应该只当一个勤杂工，他应该穿上外科技师的外衣与巴洛克教授一起工作。

在两人合作的头十多年里，维维安完全是巴洛克身边一个没有任何名分的助理，干的是实验室研究工作，职位等级是清洁工。妻子的抱怨，金钱的匮乏，旁人的白眼，他全忍了，因为他太热爱实验室的研究工作了。

后来，维维安和教授一起研究法洛四联症的根治方法。这是一种先天性心脏疾病，当时的死亡率高达百分之百，患者会全身发蓝，所以也叫蓝婴症，每年有许多儿童死于此病，只有心脏手术能挽救他们的生命，但所有人都认为那不可能做到，因为在那个时候，心脏手术相当危险，何况患病的是儿童，心脏更脆弱。

## Chapter 4　你有多好，他（她）就能有多坏

救人性命，是医者的天职，巴洛克和维维安不想放弃，所以在实验室从复制病情机理到寻找解决方案，然后层级递进，努力修正每一个错误。终于，他们通过分流技术，成功地在实验的小狗身上改变了血液的流向。

在之后的许多手术中，巴洛克没有维维安在身边，连手术都没法进行，因为他需要维维安站在身后凳子上，在关键时刻指导和提醒他。

故事讲到这里，也许我们会认为这像一个普通的黑人与白人的友谊故事。但现实中，他们的"友谊"远不是好莱坞大片的套路，维维安根本无法出现在公众视线中。许多公开场合里，巴洛克也从来没有提过维维安的名字。维维安要扮成侍者才能出现在庆功宴会上，他听到巴洛克感谢了一堆人，却唯独没有提到自己。

一气之下，维维安离开了巴洛克。可是他太热爱实验室工作了，在外漂泊几年之后，还是回到巴洛克身边，走回实验室，几乎是完全不计名利，不计得失。

终于有一天，维维安和巴洛克的油画并肩悬挂在霍普金斯大学的大厅的墙上。如果我们去百度搜获"Vivien Thomas"这个名字，你会了解他后半生的成功和获得的认可。那些都是必然的，因为他的行动，成就了他的光亮与热量。

## 不抱怨,不过别人嘴上所说的人生

> 想得多,干得少,抱怨越多,成功越远。

人总是容易被别人的话语打动。我们生活的环境中也有些人,喜欢把自己的想法强加给别人,而且打着看似善意提醒的幌子。明明羡慕别人的苗条,嘴上却说"你太瘦了,要多吃点儿";明明自己实际上有颗"玻璃心",嘴上却经常劝别人"大气大度些,想开了没有过不去的坎儿"。

总挂在别人嘴上的人生,就是你的人生吗?我特别喜欢一句话:"如果你没瞎,就别从别人的嘴里认识我!"总有人说,你是什么人便会遇上什么人,你是什么人便会选择什么人。然而很多时候,你会面对一个困境:为什么别人这样做行,我做就不行?

## Chapter 4　你有多好，他（她）就能有多坏

于是，你总是抱怨不停。

**想成为一个什么样的人，就要朝着这样的目标去努力。**

李嘉诚讲得好：为什么你一直没有成就？因为你随波逐流，近墨者黑，不思上进，死爱面子！因为你畏惧你的父母，你听信你的亲戚的话。你没有主张，你不敢一个人做决定。你观念传统，只想打工赚点儿钱结婚生子，然后生老病死，走和你父母一模一样的路。因为你天生脆弱，脑筋迟钝，只想按部就班地工作。因为你想做无本的生意，你想坐在家里等天上掉馅饼！因为你抱怨没有机遇，机遇来到你身边的时候你又抓不住，因为你不会抓！因为贫穷，所以你自卑！你退缩了，你什么都不敢做！……你没有特别技能，你只有使蛮力！……

诚然，我们如何行动，取决于我们对世界的解读。**想得多，干得少，抱怨越多，成功越远。**我怕你总是挂在嘴上的许多抱怨，将会成为你人生的全部。

我也在想，人之所以会抱怨，原因有很多。其中，一种情况可能是因为被人使唤、身体没有自主权，或者受了别人的气，因痛苦而抱怨。一种可能是期待落空了而抱怨，比如：妈妈希望孩子好好做作业，可孩子就是不听话；妻子希望老公能记住自己的生日，可是老公还是忘记了；婆婆希望儿媳能下班之后多做点家

务，不要使唤她儿子，可是儿媳动不动就让她儿子代劳……建立于别人身上的期待被打破后，就会有抱怨，这是一种欠缺对外界的控制权的抱怨。

还有一种抱怨是这种抱怨的衍生版，即希望破碎。一个辛苦供老婆读完博士的男人，没有得到老婆的恩情回报，却被离婚。一个终日为了丈夫而忙里忙外还被嫌弃的女人，得不到自己预期中的爱的回报……如是种种。

我们不会抱怨那些不会与自己发生利害关系的对象。比如，我绝不会抱怨住对门的姑娘对我不友好，因为我不和她交往。我绝不会抱怨邻居没有钱，因为我又不打算认识他们。我更不会责备楼下超市的小姑娘在工作中偷懒，关我什么事？但我们肯定会抱怨男友的一些行为让我们为难，因为我们真的为难了；我们肯定会抱怨公司同事爱聊天，因为有时会影响我们的思考；我们肯定会抱怨父母不爱我们，他们总拿我们和别人做比较，打击我们的自尊或给我们制造精神压力；我们也肯定偶尔会抱怨送快递的送件延误，总是害我们白等，我们那么着急要看资料……我们还会抱怨衣服又小了，刀子又不好用了，下雪路不好走了……一切的一切，都是因为与我们有直接利害关系，才成为被我们抱怨的对象的。

## Chapter 4　你有多好，他（她）就能有多坏

然而，抱怨对改变我们的现状并没有什么用，我懂得这个道理，你也懂得这个道理，所以**不要再抱怨了，也不要过别人嘴上所说的人生**。也请远离那些喜欢抱怨、指责和发脾气的人，这样的人充满了负能量，只想把你拉到他们的感受里，而不是和你一起解决问题。

做个不挑剔、不抱怨的人，不要等到不可收拾时，才去后悔自己不仅浪费了情绪，还失去了自己在乎的人或工作。

**我们是谁，取决于我们的行为正在让我们成为谁**。当你发现你总是得到你不想得到的东西时，请站起来看看，自己是不是总在做与自己的希望背道而驰的事。当你发现自己的行为总与自己的期待不一致时，请站起来看看，自己解读世界的方法是不是出了问题。

如果我们留意一下，我们会发现无论是电视还是电影，真正让人感动的，不是主人公很轻松地获得幸福，而是他们获得幸福的过程万般艰难，我们总为他们克服艰难的勇气和智慧所感动。幸福不是那么容易，他们可以幸福，是因为他们有着我们可能不太具备的克服困境的能力，可以经历我们都不愿意去体验的艰苦过程。而我们的满足，也恰恰来自于他们对一个个困难的克服上。

有一些时候，我们自以为能主宰什么，但现实却残忍地让我

们发现自己毫无能力，是个什么也控制不了的可怜人。

又有一些时候，在我们觉得一切都不是自己可以控制、可以理解、可以接受、可以逃避的灾难面前，我们却会发现，似乎冥冥中有一双手，在帮着我们。

是感恩上苍的眷顾，还是抱怨命运的不公，完完全全看我们怎么去理解自己的遭遇。

## Chapter 4　你有多好，他（她）就能有多坏

## 要照顾别人，先把自己照顾好

| 善良其实也是一种能力，虽然这样说似乎有一点炫耀的意味。
| 要么选择自己喜欢的，要么喜欢自己选择的。

前几天，一个朋友打电话对我倾诉说，他最近情绪非常低落，感觉工作太没意思，但每个月还不能不工作，不能不拿那点儿钱，所以很痛苦。

生活中有很多人和我这个朋友一样，为人本本分分、善良温顺，干着自己不喜欢干的工作，在痛苦中数着日子过活。唯一的盼头是每月一次时早时晚发的工资。不敢跳槽，害怕找不到合适的；不敢辞职，害怕失去经济来源。

**如**果一个人无法享受工作的过程，可能很难创造出工作的价值来。当金钱奴隶的感觉肯定不会好，但我想问为什么我们对财富的追求欲望那么强烈，以至于很多人宁愿坐在宝马车里哭，也不愿坐在自行车上笑？背后隐藏的原因，可能是我们需要一种安全感。

生存本能决定了，只有我们拥有抵抗生存风险的能力，对身边事物有支配力的时候，内心才会有安全感。物质的富有程度在一定层面，关系到我们的抗风险能力。同时，它还决定着我们可以自由支配的时间和自由生活的方式。

**然而，世间安得双全法，不累肉体不累心？** 我们生存于世，常常是身体很苦而心也不轻松。比如说我，睡觉于我来说是人生最重要的事，其次才是物质生活。如果哪天没有睡好，我会觉得自己特别难受，觉得自己没有精神（完全是心理暗示），然后就想找机会发泄这种难受的情绪——可是，为了稻粱谋，我必须每天早上七点多时拖着疲乏的身体下床，然后一边回忆昨夜的梦，一边想着彼此毫无关联的事，再一边为自己刚想到精妙语句但瞬间又忘记了而后悔不已。就在这样的胡思乱想中洗脸、穿衣裳。

只记得一路阴晴不定，风雨兼程，难得欣赏万里晴空和雨雪纷纷。我心中那个难受啊……身累，心累，脑子累，总之一个字：累！

## Chapter 4　你有多好，他（她）就能有多坏

后来，我开始反思，为什么感到身累、心累？是不是因为我们必须为了生存而牺牲掉生命中部分时间和空间的自由？如果物质富有，也许可以用不牺牲时间为代价去换取空间。

因为我们只想做支配者，而不是被支配者，所以凡是支配我们的，都会让我们感觉失去掌控感，失去安全感，因此让我们感觉累，让我们感觉没劲儿——这也是人们对那些对自己呼来喝去的人十分反感的原因。

我们在"累"里终日计较得失，然后又逼着自己去做不喜欢做的事，成天跟自己较劲，而不敢打破被动的生活模式。

我也希望找到一种双赢模式，使我既感觉愉快又能得到较好的物质回报。但是，亲爱的朋友，这样的生活不是一开始就会有的。我们通常要面对的是鱼和熊掌不可兼得，而不是两全其美的局面。

**面**对自己不喜欢的生活，有选择就有得失，想要自由，就不能怕清贫，想要获得更丰富的物质满足，就不要怕辛苦。

**我们要么选择自己喜欢的，要么喜欢自己选择的**。所以，当朋友问我，干着自己不喜欢的工作怎么办时，我直截了当地建议：离开！离开！离开！你不喜欢，你就不会投入；你不投入，

你就干不好；你干不好，就不可能有对工作的掌控力；你没有掌控力，就会感觉活得很累、很失败；你觉得很累、很失败，就会更加不投入——亲爱的，你就这样陷入了恶性循环，哪还有精力照顾他人……

这就是为什么有的人在习以为常里走向平庸，然后本来满心善意希望更好地照顾家人，却往往只能在一些小事上提供帮忙——弱弱地告诉你，操控力或者说掌控力，就是所谓的自我实现，而**你的世界之所以不像你盼望的那么好，不过是因为你还不具备相应的"生产力"，所以你有心而无力。**

一个刚毕业的女孩想应聘一家互联网公司的产品经理，工资要求年薪不低于十万元。HRD（人力资源经理）问她："你知道一个产品从立项可行性申报开始，再到完成生产投入市场的具体流程吗？"她摇摇头奇怪地说："这些不是该手下的技术员做吗？我适合做管理……"

HRD又问她："那你的技术员因为产品遇到问题来跟你求援，你怎么解决问题？"

她继续辩解说："这个事情也应该有专门的人去解决，我只要安排他们去做就好！"

HRD被呛坏了："你要知道，在我们这行，一个没有工作经验

## Chapter 4　你有多好，他（她）就能有多坏

的人不可能马上年薪十万……"

她不服气地说："我一个同学刚毕业就进了一家国企，人家年薪就不止十万……再说，北京消费水平这么高，我不可能找一份月薪连保障我的基本生活都不够的工作……"

HRD彻底崩溃了，找了个借口将她打发了出去。

那天，HRD还面试了另外一个苦恼要不要跳槽的男生。那时候，他已经在同业公司干过一年了，理论上就算经验不丰富，也应该具备了最基本的行业技能，HRD比较看好他。然而他却纠结于公司的待遇并不比之前那家好，心中颇为不甘。他不断地追问工资的构成、具体有哪些福利等等，当HRD告诉他说，工作头三年，不应该过于计较工资的时候，他说了类似的一段话："我得保障我最基本的生活。你看，现在这工资，交了税费、房租，刨除交通和吃饭的开支，基本上剩不下多少。我总得买点衣服，请朋友吃吃饭什么的吧？这样的薪资，根本不够……"

HRD觉得他们所要求的"基本生活保障"太高了。HRD从业两年，待遇是五千元基本工资加八百元餐补——这在北京绝对是要拉低平均工资水平的一个数字，而他并没有觉得基本生活保障得不到，也不会轻易放弃这个到现在依然喜欢的工作。他真的不觉得开口"十万年薪"的"基本生活保障"是合理的，虽然应聘

者所说的种种现实状况,他也都能理解。即使这样的"基本生活保障"要求在招聘岗位对应待遇范围内,但他还会考虑对方是否具备对等的"生产力"——真给了他们那样的职位,他们能够胜任吗?

同样的道理,如果你是公司老板,没有能力,但是心地善良,对员工很好,可员工跟着你没有什么前途,你觉得员工会怎么选择?

**我觉得,善良其实也是一种能力,虽然这么说似乎有一点炫耀的意味。**

"善由心生,善良是一种选择",这是我至今听过的最好诠释。"有求必应"式的善良,不是一种正常的行为。哪怕你的"善良"真是与生俱来的天赋性格,也要看你是否有能力照顾他人。

# Chapter 4　你有多好，他（她）就能有多坏

## 若不懂拒绝，慢慢地你就被毁了

> 轻诺则寡信。这往往是善良的人变得不诚实的开始。

曾经有一个极有天赋的学弟，到一家公司后表现得很友善，主管吩咐他做任何事他都会爽快地答应下来。

但是不久，主管发现交给他的工作，他都完成得特别慢。主管一开始以为是他性格散漫，所以找他谈话，后来才发现，是因为他对基础性的业务不熟悉，导致工作无法高效完成。

最后，这位学弟内心觉得自己干这些活儿真是吃力不讨好，没多久干脆便离职了。他之所以离职，不过是因为他一开始不敢拒绝自己无法完成的工作。

我还遇到过一个没有工作经验的毕业生，她在初次应聘时，

面对一个自己不太了解的问题,写了一个自以为是的答案准备蒙混过关。结果最后她没有被录取。她失去机会的原因,不过是她不好意思在那一道不懂的问题下留下一处空白。

**我**相信,如果有可能的话,多数人都不希望他人对自己失望,所以都不想把美好的承诺变成令人失望的结果。只是,我们在大多数时候,总是因为不忍拒绝而承诺太多自己做不到的事,以维护自己的面子或者尊严。

**于是,轻诺则寡信。这往往是善良的人变得不诚实的开始。**我们有一种拒绝面对自身局限的惯性,不愿意让崇拜者或自己在乎的人看到自己令人失望的一面,以至于我们几乎在绝大多数时候,都说着各种不同程度和类型的谎言。

我们不敢说实话,因为害怕得罪人,因为害怕自己令人失望。很多情况下,善意的谎言似乎成了一种必备的能力。因为没有能力承担诚实的后果,所以我们选择了欺瞒,或者选择了隐瞒。虽然我们有种种借口,如不想伤害别人,不想领导生气,不想妈妈担心,不想男(女)朋友或老公(老婆)怀疑……种种打着不想伤害别人旗号的欺与瞒,其实最终都是为了让自己好过一点。

为了让自己好过一点,我们不停地向他人兜售幻觉。可惜所

## Chapter 4　你有多好，他（她）就能有多坏

兜售的那些幻觉，总是离现实太近。我们所说的一些话太容易被拆穿——明天就给你结果，下周保证弄出来，下个月一定完成。就像我多年以前和妈妈承诺说我长大后要给她买最贵的貂皮大衣，可是我长大很多年了，连件像样的衣服也没有给她买过，更别说貂皮大衣了。

为了让自己在心灵舒适区里待得更久一点儿，越是善良的人越是不懂拒绝，然后面对承诺又只得拖延或者逃避，结果自己把自己活成一个笑话。

因为总想让他人高兴，总想得到他人最大程度的认可，所以我们在不懂拒绝后要尴尬地面对被拆穿的那一刻……

我也相信，只要不是以欺骗谋求纯粹的物质性利益的人，都不会是恶意的欺骗者。每一个人每一天都在或多或少地说着动机不一的谎言，但多数时候，我们只是为了使事态平衡，使冲突放缓，使他人对自己减少些敌意，虽然这也是自私行为之一，却与"己不欲，勿施于人"的道理不谋而合。如果你不想被他人伤害，那么就不要伤害他人，这大约是多数非绝对欺骗性谎言得以存在的基础吧？

不过，多数以"照顾他人感受"为借口的违心之言、违心之举，往往到最后伤人更深，有时比直接遭遇物质性欺骗还让人痛

苦。因为，物质性欺骗牵涉的对象多半较陌生，涉及情感成分较浅，导致的损失也多为纯粹物质性或经济性损失；而顾念他人感受的违心之言，其对象多半是较熟悉的人，涉及的情感成分较深，造成的痛苦则多为精神上的愚弄，重则可以导致一个人对你的观感完全崩溃。你费了九牛二虎之力取悦他人，最终却辜负了他，得到的自然是他的不满甚至怨恨……

之所以出现这种情形，是因为我们最初不敢拒绝。

如果我们希望未来的生活不那么失控，我们就要学会诚实，不要因为害怕他人否定自己的价值而轻易承诺或不懂拒绝，无论对方是谁。

**我们要面对最真实的自己，接受自己是个普通人的事实**。如果对自己都不诚恳，又何以善待他人？

人生寄一世，奄忽若飙尘。请适度地学着拒绝，虽然开始的时候会很难受，别人也会觉得惊讶。但是，诚实就是你的人生信用卡，你越是按期还钱，银行就越愿意把钱借给你。要知道，我们的承诺，是对他人的负债，你迟早要还的！

从现在开始，承认自己有一些事情做不到，放弃一些不合理的掌控欲，承诺自己可以做到的，然后心安理得去享受自己所得到的就好。

## Chapter 5
## 你没那么坚强，但只能独自坚强

伤害你的人从来没想过帮助你成长，
真正让你成长的是你的痛苦和反思。
经历本身没有特殊意义，
让它变得有意义的是你的坚强。

## Chapter 5　你没那么坚强，但只能独自坚强

# 学着"示弱"，别憋出内伤

| 如果你承认自己其实没那么坚强，你还会这么死撑吗？

一个小孩和他的父亲在花园里玩耍，父亲让他将一块大石头掀开。然而，那块石头很大，小孩无法把它掀起来。他非常用力，大汗淋淋，但父亲看着他说："你还没有竭尽全力。"

那个孩子很委屈："我已经竭尽全力了。我不知道还能怎么办？"

父亲说："你还没有竭尽全力，因为你还没有请我帮助你！"

很多时候，我们面对困境只是在一味地坚持。**如果你承认自己其实没那么坚强，你还会这么死撑吗？**

**我**听说过一个大学生的故事。我们暂且称他为小赵。小赵是他们村子里走出来的第一位大学生。为了供他读书，家中几乎算是倾家荡产，所以他身上一开始就背负着全家人的美好愿望，大家都指望着他找一份好工作，然后让家人过上好生活。

## 你的善良必须有点锋芒

小赵毕业后到一家商业银行实习,和他一起进到这家银行的实习生有十多个,而他是唯一来自农村的孩子,有最好的成绩,表现得最勤快,很得领导赏识。实习结束后,只有表现最好的两个人留了下来,他是其中之一。

父母觉得终于有盼头了,他也觉得生活可以过得更舒适了,出于孝顺,他决定将父母从老家接到北京跟他一起生活。

然而没想到,小赵的人生发生了巨大转折。他要赡养自己的父母,还要承担弟弟的学费,经济压力剧增,偏偏第二年,他因一件不大不小的事儿丢了工作。

那时,他已经结婚,还在郊区供了一套房,每月的收入只够开支,基本上成了"月光族"。但是他不想让父母担心,也不想让人看到他的困难,依然按以往的生活标准死撑着过日子。

父亲爱抽烟,他不想给父亲买便宜的烟,又没有闲钱,偶然的机会,他开始悄悄从银行接待处拿一些招待客户的烟回家。一来二去,有一天被领导撞见了。尽管小赵又是写检讨书又是找人求情,依然没能保住那份工作。一时的糊涂毁了他的前途。

离开银行后,他没能找到一份像样的工作,而为了一家人有个安稳的生活,他找了份没有发展前景且令人厌倦但薪水还算够用的工作。

## Chapter 5　你没那么坚强，但只能独自坚强

因为家里要养的人实在太多，贫贱夫妻百事哀，他妻子承受不了压力，原本感情甚好的两人最后竟然协议离了婚。

有时候，下班回家在地铁上，小赵就忍不住想，如果他当初不是那样死撑，早点跟妻子和父母摊牌，一家人协商，比如让父母回老家，种点儿地养活自己，他再经常寄些生活费回去，等生活真正好起来后再接父母过来一起住，也许生活完全可以过得更从容一些，也就不会导致最后这样坏的结局。

他觉得是自己硬要背负的东西太多，不好意思求助，不好意思委屈父母，不好意思放下自己的虚荣，这种处处好强的性格毁了自己。

也许，你和小赵有一样的难处。也许你最近几年遇到的挫折也较多，但是凭着自己的坚强一次也没有倒下。

你在外地打拼，经常打电话给父母，心里其实很需要安慰和鼓励的时候，得到的却总是他们善意的规劝，他们总说，你要努力，要好好干，要照顾好自己。

然而，那个时候听到这些你也许会更难过，那种孤独感根本挡不住。于是，有一天，你终于撑不住了，给家人打电话的时候说，自己受不了了，很不自信，已经在崩溃的边缘。在这边没有

任何人给你鼓励,给你引导,所有的事儿都是靠自己死撑,你每天要给自己讲很多大道理才能够坚持住不倒下。

这时,你爸妈才告诉你,其实在他们心中你很棒,他们正是因为觉得你做得很好,才觉得没有必要给你什么鼓励。

你挂掉电话就明白了,可能很多人跟你一样,越是外表看起来光鲜,越是在死撑着,所以不会跟人求救,更不会跟谁示弱,以至于谁都无法理解你心里还有那样的脆弱。

然后你才真正明白那句话——适当示弱,才能拿到创可贴,止住血;一味好强,就只能自己拼命生产白细胞,慢慢地治愈创伤。

如果,你知道请求帮助也没什么,你还要把自己憋出内伤吗?何况,在生存的智慧(包括人际关系)中,示弱并不等于你一直想避免的弱者心态。相反,它恰是一剂良药,适当地示弱,适当地开口寻求帮助,能取得事半功倍的效果。

最典型的例子是对许多女性来说,有各种聪明的"示弱"可以为她们赢得更多的幸福。

比如,有一类示弱是温柔。

女人:"哎呀,你说了算……听你的呗。"

男人:倍有面子!

比如,有一类示弱是谦虚。

## Chapter 5　你没那么坚强，但只能独自坚强

女人："啊！这个我不会呀……还是你厉害！"

男人：心花怒放！

比如，还有一类示弱是策略。

女人："啊！我挺笨的，这事儿恐怕做不好。"

结果女人做得不错，男人：刮目相看！

结果女人做得不好，男人去补救，就回到了上面一项。

## 太在乎别人，就只能自己受累

| "先己后人"，也许听起来很冰冷，但它会帮你和这个世界更好地相处。

如果你问了一个问题，你的朋友给了你各种各样的答案，但是无论你选择听从谁的建议去做了，只要你错了，其他人总会跳出来训你，说你当初如果听他的会怎么怎么样。

我认为，问题的关键是，你不可能一辈子像这样遇到事儿都听别人的建议，而更关键的是，没有一个人会永远对。只要你听错了一次，又会有人出来说同样的话。

你要知道，**如果让那些给你建议或者指责的人，经历你经历过的事情，他不会做得比你更好，所以他们没资格评论你**。但是，

## Chapter 5　你没那么坚强，但只能独自坚强

大道理谁都懂，怎么去做却千差万别。

小苏是一个很在乎别人看法的人。上大学的时候，有一次他和朋友到江边的公园玩，因为事先看过天气预报，知道会下雨，所以都带了伞。下午快四点的时候，路过一条都是小摊小贩的商业街，突然下起雨来，做买卖的人群以最快的速度散开。

小苏和朋友也很快躲到了路边的屋檐下，然后小苏注意到在马路中间有一个没有腿的乞丐，正在努力地用手支撑着向对面的屋檐下爬去。雨顺着他破烂的衣服流下来，他的头发湿透了。他低下头，努力让自己少淋湿一些，然后用力地撑着双手。

小苏当时的第一反应就是打开伞，可是当他想走过去的时候，却发现周围的人没有任何动静，他们平静地看着乞丐在雨中挪动，于是小苏犹豫了。

他们没有看见吗？他询问自己的同学，想从他那里得到一丝鼓励。"要不要过去给他打一下伞？"他小心翼翼地问。

"不用了吧，大家都没有去，他一会儿就到了吧。"

小苏退回屋檐下，收了伞，默默地低下了头。他没有去看乞丐，乞丐的确不久就到了屋檐下，雨也很快停了。只是那天晚上躺在床上的时候，小苏总是睡不着，一闭眼，脑海里就浮现出乞

丐在雨中低着头，努力用手支撑着向前爬的样子。

为什么不去给乞丐打伞，明明有这个想法的，为什么不去做？因为大家都不去？因为怕别人觉得自己很做作？因为害怕做出跟大家不一样的举动？因为太在意别人的看法？

很多时候对我们来说，别人说什么似乎很重要，我们想别人会怎么看我们似乎也很重要，但重要的其实是我们要知道，我们独一无二的生活塑造了现在的自己，我们要有坚持做自己的理由，这个理由也只有我们自己才会知道。

那些所谓的别人对我们的看法，只是自说自话罢了。如果我们完全听信，那就活该我们自己纠结，然后自己受累。

我很早之前就明白了一个道理，即**"先己后人"，也许听起来很冰冷，但它会帮我们和这个世界更好地相处**。这是我给一个咨询的女孩开的心灵处方。

**她**曾经也过分在意他人的感受。上大学时，她不敢在寝室里哼歌，怕打扰室友。即使是大冬天，也坚持去阳台上打电话。如果晚上八点以后室友在的话，她洗完澡会到楼下楼管处的阿姨那里吹头发。

如果这些小事还能算在她体贴同学的范畴内，那另一些时候，

## Chapter 5　你没那么坚强，但只能独自坚强

这些习惯则真切地给她的生活造成了困扰。工作后她甚至不敢对半夜影响自己睡觉的合租室友提意见，只会跟男朋友哭诉。只要室友说她新买的衣服有什么不妥，她就不敢穿着新衣服出门。

她一度也很痛苦，觉得一直在努力善待身边的人，却没从身边人那里得到相应的善待。

慢慢地，她发现自己的善意根本是多余的。她的室友们会唱几个小时走调的歌，也会在客厅里大声讲电话，早晨起来会在还有人睡觉的时候照样吹头发。

我告诉她应"先己后人"。我的本意并不是要教她做一个自私的人，只不过人活在世上，首先应该考虑"我想做什么""我想要什么"，然后再考虑这件事对他人的影响，最终决定要不要或者在何种程度上迁就他人。

很多人不会照顾你的感受，而你也不必时刻迁就他人，谁都没有这样的义务。真的，太在乎别人，只会让你自己受累，特别是在二人关系中。

给她分析完这些事情后，她明白了，很多时候她的善意，她对他人感受的迁就，别人并不会注意，更不会为此感谢她，甚至会有人抓住这一点给她加压。

## 你的善良必须有点锋芒

别人并不像她那么在意身边人的感受。而如果有谁被打扰到了，就可以直说"我在看电视，你可以去房间讲电话吗"或者"我想睡了，麻烦你把电视声音开小一点"。

并没有谁会觉得被冒犯。包括那位总挑剔她新衣服的室友，之所以对她评头论足，是因为只有她会在意且不好意思反驳。而另两位室友会直接回答"我很喜欢啊"，或者半开玩笑说"我穿成什么样，关你什么事儿呢"。

我再讲一个经典的案例，你看后，很可能报以会心一笑。

这是一对小情侣同一天的日记。

女生的日记写道：

昨天晚上他真的是非常非常古怪。我们本来约好了一起去一家餐厅吃晚饭。但是我白天和我好朋友去购物了，结果就去晚了一会儿——可能因此他就不高兴了。

他一直不理睬我，气氛僵极了。后来我主动让步，说我们好好地交流一下吧。他虽然同意了，但还是继续沉默，一副无精打采、心不在焉的样子。我问他到底怎么了，他只说"没事"。

后来我就问他，是不是我惹他生气了。他说这不关我的事，让我不要管。在回家的路上我对他说我爱他。但是他只是继续开车，一点反应也没有。我真的不明白，我不知道他为什么不再说

## Chapter 5　你没那么坚强，但只能独自坚强

"我也爱你"了。

我们到家的时候，我感觉我可能要失去他了，因为他已经不想跟我有什么交流了，他不想理我了。他坐在那儿什么也不说，就只是闷着头看电视，继续发呆，继续无精打采。

后来我只好自己上床去睡了。半小时之后，他才爬到床上来了，他一直都在想别的什么。他的心思根本不在我这里！这真的是太让我心痛了。我决定要跟他好好地谈一谈，但是他居然已经睡着了！

我只好躺在他身边默默地流泪。我现在非常确定，他肯定是有了别的女人了。这真的像天塌下来了一样。天哪，我真不知道我活着还有什么意义。

男孩的日记则写道：

气死我了！今天的球赛意大利居然输了。我都没心情和女朋友说话了。

## 我们是自己命运的巫师

| 改变自己会痛苦,但不改变自己会吃苦。
| 也许斩断自己的退路,才能更好地赢得出路。

世界如何,取决于我们怎么去看。王阳明所说"圣人之道,吾性自足",也是同一道理。

每一个人的人生都只能自给自足,也完全可以自给自足。我们不是父母的续篇,也不是子女的前传,更不是朋友的番外。我们彼此确有交集,但交集并不意味着别人的生活就是我们的生活。

我认识的一个女孩,不满于自己的生活现状,不知听信了谁的推荐,她花了几万块钱去听了各种培训课,然后得

## Chapter 5　你没那么坚强，但只能独自坚强

意扬扬地来告诉我："某大师说，父母是我的福根，如果我对他们好，我就有福报……"

我听了不知道如何回答。如果只把孝顺父母当作换取福报的条件，那么，这样的孝是交易，而不是真正意义上的孝。我本想告诉她一点真正靠谱的知识，好让她有一点儿独立思考的意识，但是她又滔滔不绝地讲起因缘来，尽管她连因缘是什么都不知道。看着她偏执的样子，我放弃了自己的想法——我说了她未必愿意听，听了未必懂，懂了未必愿意相信。只要她还是一心向外寻求改变自己的现状的方法，她就会拒绝承认，父母有父母的人生，我们有我们的人生。

在真相未曾被揭露之前，我们所看到的不过是生活被误读的某些片断。人生的有限性和生命的无限不循环性令我们奢求在尽可能短的时间里获得尽可能大的利益和快乐，所以，滚滚红尘便上演了一幕幕悲喜人生大戏……

**遭遇一件事时，你怎么看决定了你会成为什么样的人**。有一个男人，他活得艰难而无知，娶了一个不懂说话技巧的勤劳女人。在他幼年时，父亲得病去世，母亲只是个旧式的普通妇女，没有人教他该如何去争取幸福，所以他一味地从外界寻求价值感。当他面临生存危机的时候，他不是想着怎么去化解，而是固执地认

**你的善良必须有点锋芒**

为这一切都是天意弄人,而打老婆成了他彰显自我存在感的惯用伎俩;面对需要真实勇气的现实世界时,他又唯唯诺诺、战战兢兢。他活在自己的惯性思维里,无奈地活着,被动地活着,从来没有想过可以改变自己,摆脱困境。他在自己构建的世界里受罪,却指望别人给他解脱的方法。这就好比一个囚徒,将自己反锁在监狱里,然后却指望外面有人开门去解救他,可能吗?

对总想借助外力解决问题的人来讲,**改变自己会痛苦,但不改变自己会吃苦。害怕改变几乎是我们每个人的心理疾病,惯性的心理模式使我们感到安全。**而安全感让我们舒适,这使得我们很想停留在这种舒适感里。而改变,则意味着我们要走出心灵"舒适区"。

为什么要我们走出心灵舒适区那么难?原因不外乎如下。**有对改变的可能性不确定的恐惧。**这类人多半意志薄弱,他们有自知之明,很清楚自己的弱点。比如,办公室里有很多这种人,因为对改变有着恐惧,所以他们安于现状,碌碌无为。任何工作都需要主管一而再地交代,才勉强去完成,拖延是他们的常态,思维的惰性是他们的特点。归根到底,用拖延证明着他们的无能为力。

# Chapter 5　你没那么坚强，但只能独自坚强

**有对改变的结果不确定的恐惧。** 由于不知道改变的结果是不是自己想要的，出于保险意识，他们认为，与其得到一个自己不想要的结果，倒不如安于现状，至少他们已经适应了。

尽管如此，我们还是要设法改变自己。人生中没有什么事是不能面对的。不走出去，永远不知道自己可以走多远；不去努力，永远不会知道自己的能力。**也许斩断自己的退路，才能赢得更好的出路。**

出身不好，长相不好，学历不好，都不是我们看轻自己的理由。生存环境不好不是我们的错，活得不好才是我们的错。要用随时敢于拼搏的决心，撑起随时敢做敢当的底气。如果你在最璀璨的时刻都不敢"拼"一把，你基本等于白活一回了。

如果，你总是对自己那么宽容，你总是对自己那么仁慈，你总是对自己那么善良，结果你就会活成那个令你自己非常不满意的你。

你不知道你心中还有一个"内在小孩"，你这个"慈母"一手造就了那个"败儿"。慈悲多祸害，对自己狠一点儿吧，不要害怕改变，没有什么恶果、苦果是自己真的无法承担的。

我们理解中的改变世界，是一种全面掌握世界的操控欲。其实，我们每天都在改变世界。只是我们让世界发生的改变，没有

达到自己期待的那种程度罢了。每个人都是组成社会的分子，一个分子的一丁点儿的变化，就会使世界和之前的不一样。

我们无法按自己的意志随心所欲地操控世界，但我们可以为了让世界变得更美好而改变自己。我们想多大程度地改变世界，就得在多大程度上改变自己。

人生的价值与意义都是我们自己赋予的，其他任何人强加给我们的都不是我们的人生，而是别人的人生。要想知道人生为何，只有问问我们自己的内心，心之所至，就是我们人生的方向，不要用别人的标准要求自己，否则我们永远是舞台上的演员，用一生的时间去演绎别人。我们不必做操控世界的梦，但也永远不要被他人操控，而是要为自己而活。

我们不能指望操控世界，但我们必须操控自己，而不是任自己的人生被他人操控。没有一个人的存在，是为了完成别人的使命；没有一个人的存在，是为了过别人的人生。我们每一个人，与生俱来的本能是完成自己的使命，过自己的人生。所以，除了我们自己，没有其他人有责任为了我们的意志而改变，也没有其他人可以替我们活着。所以，如果我们想做任何改变，请一定记得，那是为了我们自己。

## Chapter 5　你没那么坚强，但只能独自坚强

我们是自己命运的巫师，可以从以下几点做起。

第一，学会自嘲。许多人际交往中，言语方式中的自嘲，是与他人相处的好方式。

第二，学会思考。每一种让自己不舒服的性格，都对应一个你内在最本质的弱点，想清楚了，自然就知道如何去做。

第三，把心胸撑起来。做自己，不依赖环境，真正做自己时才是真正独立。

我们可以给自己构建一个想象中的世界，然后，我们在现实中让这个幻想实现。如果你成天思考你的不满或痛苦，你的世界就会非常残忍。如果你想的是绵延细密的感恩，那么，你的世界就充满了快乐。我们所能拥有的，不在未来，而在这个一直在不断消逝的现在。而真正的幸福，则是在无论老天给什么，我们都能报以享受和感恩之心时，才会真正拥有。

生命有意义吗？其实，原本没有什么意义，每一个人，来世间停留一段时光后，又无奈离去，各自在各自的生活里扑腾，留下的也许是奉献，也许是伤害。

如果我们不能赋予生命意义，那么生命就只是一个幻灭的过程；如果我们愿意赋予生命意义，这段过程，于我们而言，才是有意义的。

既然人生就是一个过程,生命的逝去也是一种必然,不如好好地在这段有限的时光里努力做点什么。

因为没有永恒的存在,世界才如此千变万化;因为没有永恒的存在,生活才那么多姿多彩。既然如此,又何必害怕改变呢?

## Chapter 5　你没那么坚强，但只能独自坚强

# 你当坚强，而且善良

| 你没有成为一个恶人，那就是你内心最坚定的善良。

玛莉·班尼是一位乖巧的小女孩。有一天她给《芝加哥论坛报》写了一封信说，她实在搞不明白，为什么她每天帮妈妈把烤好的甜饼端到餐桌上，得到的只是一句"好孩子"的夸奖，而那个什么都不干只知捣乱的弟弟，得到的却是一个甜饼的奖励。

玛莉问："这样的上帝公平吗？"

她得到的回答是："上帝让你成了一个好孩子，那就是对你最好的奖赏。"

今天，时常也会有人问，善良有什么用？世界公平吗？我是不是可以选择"不善良"？

## 你的善良必须有点锋芒

基于同样的道理,我想说,如果你的世界充满冷漠,有无法躲避的恶围绕在身边,你需要的不仅是自己的坚强,还有心怀善良。

**因为你没有成为一个恶人,那就是你内心最坚定的善良。这也正是你人生最大的福报。**

**某**天晚上,我下班回家,行至地铁站安检处时,一个看上去不足二十岁的小男生凑了上来,说:"请问一下……"

见他口气犹豫,我心中一下闪出无数个念头来:这个男生,不是骗子就是想跟我要钱。他可能会说我有明星相,忽悠我去某个地方,然后骗我掏钱交拍摄费;他也可能掏出一块亮晶晶的石头,告诉我他从老家带来了一块好玉,现在他遇到困难了,想折价处理;他还可能说迷路了,要我给他带路,然后再装作钱包丢了,跟我要点儿路费。

我还在想,我应该马上揭穿他的骗局,然后扭头就走。

这样的念头一转,无数既有逻辑又合乎常理的行为预判与道德评价等瞬间在我心头汇成了千言万语,只要他使出任何一个伎俩,我就准备毫不犹豫地拒绝,然后给他上一堂难忘的人生课,再潇洒离去。

## Chapter 5　你没那么坚强，但只能独自坚强

"我……想……想请问……"他看着我的眼睛，似乎感觉到了我的防备心，变得期期艾艾起来，声音模糊不清。费了老大的劲我才听明白，他问我怎么去1号线地铁。

干坏事的人通常会这样底气不足，以问路的名义行骗的事我也见过不少。男孩的迟疑更加重了我的怀疑。

我打量了这个小青年一眼，容貌还算清秀端正，我本来想回答他说"不知道"，这样省事省力。但见他怯生生的模样，有一点可怜，我那时不好意思那么凶，于是决定对他礼貌点儿。不过我对地铁线路也不熟悉，加上当时脑子似乎短了路，竟然想了好久才想明白。

"可以坐2号线去换乘……"我说。

"那……怎么……坐……"他结结巴巴的，这句话也说得好慢。也许是我脸上的不耐烦吓着他了，以至于他看上去有点儿害怕。

这下，我有点烦了。这人怎么回事？说话这么慢，这么拧巴！但他好像也不是恶意骗人的家伙，我感觉，他可能有点口吃。这么一想，我心中的敌意少了很多。弄明白他想问的是坐到哪儿换乘了后，我告诉他，坐2号线，到复兴门时去换乘1号线。

他礼貌地道了谢，在我转身欲走时，又叫住了我。我心道：看吧，果然不是简单的问路！这下，狐狸尾巴真的要露出来了

吧!我倒要看看你究竟要使什么伎俩!

我一脸玩味地看着他。他一脸认真且结结巴巴地说:"你是好人……特别善良……"

我愣了一下。他眼神里流露出来的真诚是那么纯净。

等我进站时,男孩已经消失在视野中了。不知道他是不是真明白了2号线怎么坐。我本来就近视,又不认识他,总之,看不见他了。这时,我心头涌起一股强烈的内疚来。

我以怀疑的心理去审视每一个人,总认为接近我的每一个人,都怀有某种目的。人家只是简单地求助,我却联想到自己听说过的与经历过的种种事件来揣测他的意图……

我本以为自己深谙世故,能看淡一切,却并没有做到包容。

你是不是和我一样,每天都在不遗余力地猜测别人(主要是接触的人)的想法?

**善良的人,虽然有各种各样的疑虑,但是这不妨碍他们依然是那个容易被人信任的人**。比如,那个腼腆男孩向我求助而不是来来往往的其他人。虽然别人很容易预估到你的行为,但难得的是你的行为很难稳定,也不会给他人带来伤害,就像我虽然多疑但还是愿意为一个陌生的人稍停匆忙的脚步。

我想,这已经是人性的胜利了。而更重要的是,**别轻易被内**

## Chapter 5　你没那么坚强，但只能独自坚强

**心的疑虑打败，你当坚强，而且保持善良。**

对境临事时，我们心中难免不由自主地生起种种情绪以及联想，会用以往的经验做出各种预判。结果深谙世故的人，会在猜测、揣摩他人的想法中惶惶不得安宁，最终却发现其实世界并不像他认为的那般运转。

比如，我开了一会儿小差，恰好领导路过，我见她一脸不高兴的样子，于是从她的不高兴的表情出发，我开始揣测：是不是我发呆被看见了？然后又想到自己好像有项工作完成得也不好，于是越发加重了疑虑，心道：想必她对我的工作非常不满意，在想怎么罚我呢！带着这样的疑虑，我自然会惴惴不安。

但是倘若我知道，领导看上去不高兴是因为她感冒了，身体有点不舒服，那我的猜测是多么可笑！

又比如，在我得知领导感冒之前，她在QQ上给我发来信息说："你来我办公室一下。"如果我当时心情好，之前的工作也没什么差错，我会猜想领导是不是有事和我商量；如果我心态不好，之前工作上存在拖延的情况，我就会很纠结，觉得领导即使不批评我，也会催进度了；如果我的状态糟到了极点，我还可能直接就将这条信息理解为：完了，终于要找我摊牌了！

我想了这么多，而QQ上其实只有几个字罢了，什么信息也

没有传达。结果,我认为领导会责备我时,她却是希望和我商量另外一件事的可行性;我以为她要惩罚我,她却跟我说我们要一起怎么努力;我以为她已经对我绝望了,她却对我表示了宽容和鼓励。

不必总是猜测他人的想法。每个人经历的事都不一样,每个人的需求都不一样,我们不能代替他人思考,也无法代替他人感受。同样,别人也无法代替我们思考,也无法代替我们感受。所以,我们得明白:无论你怀着多大的善意,仍然会遭遇恶意;无论你抱有多深的真诚,仍然会遭到猜疑;无论你呈献得多么柔软,仍然要面对刻薄;无论你多么安静,只想做自己,仍然会有人按他们的期待要求你;无论你多么勇敢地敞开自己,仍然会有人虚伪地对待你。接纳这个事实,你也许可以放下计较,活得从容。即使我们会被误解、被曲解、被冤枉,也可以放下一切不安,让内心笃定。

无论如何,你的人生由你书写,而不是别人。善良不善良,也不是屈从于他人,而是坚守你自己的选择。

Chapter 5　你没那么坚强，但只能独自坚强

## 不要像你不喜欢的人那样生活

> 我们必须在适当的时候讲道理，在适当的时候做出反击。

你有没有试过期待后便失望，再期待，再失望……之后就不再那么期待，也不再那么失望了？于是你终于知道了，没有期待就没有失望，没有羁绊就不会受伤。

但是，事情往往不能按我们的预想发展，因为人的本能有着极强的惯性。

**生命已是苦难，你为什么还要把日子过得难上加难？**

也许有人说，我也不想这样过日子，但不知道为什么还是把日子过成了这个样子。

这是因为当我们的本能反应模式有问题时，就会用自己不喜

欢的方式把生活过成自己不喜欢的样子。

我将这样的本能反应模式分为两种。一种是简单粗暴的直接反应，姑且称之为感性本能吧；一种是"总是一想就多"的理性反应，姑且称之为理性本能吧。

很多时候，我们用的是感性本能，但这个本能过于机械化，很多时候并不能"具体情况具体分析"。**所以，当我们没有驯化好"感性本能"时，我们会冲动；没有驯化好"理性本能"时，我们会用委曲求全的方式过着天天失望的生活。**

比如，如果一条蜈蚣蜇了我，我要打死它。没问题，因为于它来说，我是力量较强者。如果一个人踩我一脚，我会很生气，但顶多嘴上骂骂："你是怎么走路的，眼睛长在头顶上了啊？"

通过比较我们不难发现：蜈蚣，力量较弱者，我不怕，所以可以直截了当地打死它，以泄我被蜇之恨；踩我的人，力量与我的没有过大差距，我没有战胜对方的把握，所以只能抱怨一下，不敢轻易进行攻击。

而不幸遇上一个持刀的人，一个力量更强的家伙，我知道自己无法与他对抗，如果我轻举妄动，轻则受伤，重则把小命丢了，所以，我得想法化解这一危机，甚至我会问自己究竟做错了什么事，以至于他要如此攻击我。如果这个原因是我能理解的，我会

## Chapter 5　你没那么坚强，但只能独自坚强

跟他解释误会；如果这个原因不是误会，我可能会和他商量怎样弥补过失……

从我对力量较弱者到力量较强者一系列不同的态度中，可以看出，我是一个"欺软怕硬"的人。这种"欺软怕硬"是一种良好的本能，它会让我们在极端情况下迅速做出正确的行为选择。我们不喜欢那些挑衅我们、令我们不快的弱者，会采用省事省心的处理方式，不用讲什么道理；面对我们根本无力对抗的强者，我们努力化解危机，一切以满足对方的需求为原则，也不用讲道理，这样省心。

但在这个"软硬"之间，还有一个中间带是既不省事，也不省心的——那就是力量和我们差不多的人。**这时，在大多数情况下，我们需要讲道理，极少数时候则需要反击。**

比如，一个长期遭遇家暴的人，如果不敢正当防卫，就会一辈子深陷暴力伤害的困境里。当然，这是以他们之间还有长期相处下去的意愿为前提的，也要以一个度为前提，否则又会陷入另一种恶性循环。如果他（她）的反击一次两次都没有效果，我建议最好的方法是求助于法律或者离开对方。

但是，我们很多人多数时候会选择互相粗暴相待。在这个中间地带里，你我相互依赖，所以不能离开。你我力量并无过大差

异，谁都没有能力占据绝对优势，所以我们互相攻击，从此冤冤相报，没完没了。

如果你知道，自己所攻击的都是比自己弱的人，你只是欺软怕硬，还会觉得自己的攻击是理所当然的吗？你唯一生气的是，虽然攻击的是比你弱小的人，但你却得到了同等程度的反击，受到了同等程度的伤害。所以你不甘心，又继续攻击，想以暴制暴，于是你的整个世界都处于攻击与反击之中。

你的**以暴制暴不能解决你的问题**，因为，这个方式用在与你能力差不多的人身上没有作用，因为他们有能力反击，不一定赢你，但却足以让你受伤。你们相互伤害，唯一的结果就是两败俱伤。要避免这种后果的方式是主动停止伤害别人，别人就不会再攻击你。

我看过一个有些内涵的策略游戏。

在这个游戏里，A、B、C 三人必须决斗，三人分别站在边长为一米的正三角形的顶点上，每人手里拿着一把只有一发子弹的枪，每个人都是神枪手，不会失手。

如果你是其中的一个，三人要同时开枪，请问，你要怎么做才能保证自己存活下来？

你或许已经在努力思考策略，比如 A 和 B 都打 C，但如此一

## Chapter 5　你没那么坚强，但只能独自坚强

来，C必然反击A和B，无论是谁，都只有一半的存活机会。

也许你还在想其他可行性策略，但正确的答案是，迅速放下枪。

比如我是A，我放下了枪，我便不会对B和C造成伤害，能伤害他们的是有枪的人，所以他们要用枪来防备另一个人，而我则可安然无恙。前提是，我得主动放下枪！

我们要想自己不受伤，聪明的办法是主动放弃攻击。别人觉得你无害了，就不会再害你。这也是善良的人更容易被信任的原因。

有意识地主动停止攻击或进行本能性自卫反击，来终止那个相互伤害的恶性循环。聪明的方法是建立对自身价值的正确认知，只有当自己特别认可自己时，我们才不会因为他人片面的判断而怀疑自己的价值，不再因为一些无意识的自卫性反击伤害了他人而招致他人的伤害。

在人际关系上，我们可以先以德报德，再慢慢过渡到以直报怨，再后来可能会做到以德报怨。

理解了整个世界的你，会拥有坚不可摧的强大内心，也从此自带光环，让感知到你的善意的人，涌到你身边来，把更多的善意回报给你。

## 有所缺憾,才能走向更完美

| 缺憾是一种暗示,它在暗示你应当在此基础上做更多努力。

有一天,跟一个朋友聊天,他是一位培训教师。

那天他很沮丧,说:"这次演讲简直糟糕透了。当我站到讲台上的时候,感觉自己简直愚蠢到了极点。我感到不自信、胆怯,觉得自己很笨拙。可是,班上其他成员都显得准备充分,表现得非常有自信。这时,我更加害怕我的缺点会暴露出来,我真的没有勇气继续讲下去,最后满头大汗地将那节课撑过去了。"

每个人大概都有类似的经历,如果要面对公众做一些事,便会担心自己的缺点暴露人前,且会把那些自己身上存在的不太要紧的细节记得非常准确而详细,以至于担心害怕到不行。

## Chapter 5　你没那么坚强，但只能独自坚强

为什么大家老是把目光放在自己的缺点上呢？**一个人做不好一件事，并不是因为暴露了太多的缺点，而是没有把优点发挥出来。**

我们不应该老是盯着自己的缺点看，不去发挥自己的优点。事实上，不管是普通人，还是那些在某一领域有所建树的成功人士，在他们身上以及他们做成的事情上，也都存在缺憾。

很多人常常将目光盯着自己的不足，在心中形成思维惯式。总认为自己有缺陷，这也不行，那也不行，久而久之，就失去了信心和创造力，沉浸在烦恼中无法自拔。

**如**果我们尝试着做了一件有价值的事，却遭遇了失败，我们便为自己找各种借口，这不就是在为自己的缺憾找借口么？缺憾应当成为促使我们不断向上的动力，而不可以作为宽恕自己或自甘堕落的理由。**缺憾是一种暗示，它在暗示你在此基础上应当做更多努力。**

有一个乞丐来到一座庭院，向女主人乞讨。这个乞丐的右手臂断了，只剩下空空的袖子晃荡着。可是女主人毫不客气地指着门前的一堆砖对乞丐说："你帮我把这堆砖搬到屋后去，我给你二十元钱。"

## 你的善良必须有点锋芒

乞丐生气地说:"我只有一只手,你还忍心叫我搬砖。不愿给就不给,何必捉弄人呢?"女主人并不生气,俯身搬起砖来,她故意只用一只手搬了一块砖,说:"你看,并不是非要两只手才能干活。眼睛别总盯着自己的不足,我能用一只手搬砖,你为什么不能呢?"

乞丐怔住了,他用异样的目光看着眼前这位妇人。终于,他用唯一的手搬起砖来,整整搬了两个小时,才把砖搬完。他的头发被汗水濡湿了,贴在额头上。

妇人递给乞丐一条雪白的毛巾,又递给乞丐二十元钱。乞丐接过钱,很感激地说:"谢谢你。"

妇人说:"这是你自己凭力气挣的工钱,不用谢我。"

乞丐说:"我不会忘记你的,这条毛巾也留给我做个纪念吧。"说完,他深深地向妇人鞠了一躬,就上路了。

若干年后,一个很体面的人来到这座庭院。他西装革履,气度不凡,美中不足的是,这人只有一只左手,右边的袖子空荡荡的。来人俯下身用一只独手拉住有些老态的女主人说:"如果没有你,我还是个乞丐,可是现在,我是一家公司的董事长了。"老妇人说:"你不用谢我,你应谢的是自己。你之所以取得了成功,是因为你没有因不足而感到烦恼,也没有把目光锁定在你的缺点上。"

## Chapter 5　你没那么坚强，但只能独自坚强

一个人不可能只有缺点，即使是乞丐。人人都有优点，只是有些人不善于发现，将自身的优点掩埋在了缺点之下。**我们要试着去挖开缺点那层厚厚的土，找寻优点的"根"。**

有时候人们一味让自己躲藏在困难的后面，这是最不可取的态度。自卑感的滋生是因为我们动不动就被困难吓倒。久而久之，也就没有什么敢做的事情了。

那么，一个人应该在什么时候坦然地面对自己的缺陷？

如果你只有一条腿，你有必要勉为其难地要求自己做一个长跑运动员吗？当然不！如果你没有那么绝色出众的容貌，也就没有任何必要去参加选美大赛了。

在这种情形下，如果一个人确实在某些方面存在着不可更改的缺陷，就没有必要总和自己较劲，争强好胜地拿自己的缺陷去和别人的优势比较。

一个矮小的人想炫耀自己的体格，这是一件多么愚蠢的事情！一个粗鲁的妇人要勉强扮出娇羞模样，"东施效颦"，这是多么可笑的事情！

同样，敢于承认自己在演说方面的缺陷，正是富兰克林能成为伟大人物的原因之一。

他说："我是一个很糟糕的演讲家。虽然我基本上能够表达我

的意思，但是我不善于以辞动人，我在用字遣词方面常常要思考良久，也很难做到得当。"

但这并没有让他气馁，为了弥补自己演说上的弱点，使别人信服，他采取了另一种办法。他会用缓和的语气提出议案，在保持平和的意见时，还能主动承认自己的不足。他明白，仅仅靠巧妙的言语很难得到胜利，反而正是他的弱点给了他巧妙获取支持的宝贵经验。

>>>>> **Chapter 6**
## 可以替别人着想,但要为自己而活

人生最遗憾的莫过于,
轻易地放弃了不该放弃的,
固执地坚持了不该坚持的。

# Chapter 6　可以替别人着想，但要为自己而活

## 何必用疲惫的身心来愉悦别人

| 伤害你的人从没想过是为了让你成长而伤你，真正让你成长的是你的痛苦与反思。

记得曾经看过这样一段话：不可以做朋友，因为彼此伤害过；不可以做敌人，因为曾经深爱过！虽然我始终对这句话的逻辑持怀疑态度，但我却承认它确实对应着许多现象。多少曾经的有情人，最后只能做最熟悉的陌生人。

**没有一份爱是以伤害为目的，但有很多的爱是以互相伤害为结局**。很多时候，我们常常以为，对一个人的期待，是爱，照顾一个人的生活，是爱。所以，我们不断对一个人产生期待，不断要求他（她）按照我们想要的那种方式去活；更多的时候，为了

强化我们爱的感觉，就去做一些自己以为爱他（她）的事，用身心俱疲的方式去取悦他（她）。

**诚**然，这也是爱的一种方式，但这种方式只是我们想给出的。我们并不确定这种爱对方是否想要，甚至是否能感受得到。

情感需求的错位，在父母和孩子的关系中最为典型。

比如，地铁里，一个满头大汗的孩子坐了下来，想脱衣服，但是他的母亲生怕他着凉，于是拼命阻止他。虽然孩子一再地说热，可是固执的母亲却说自己穿那么多都不热，所以他也不热。而且大家都没有脱外套，所以他不可以脱外套。

这位母亲无视孩子满头大汗的事实，只按照自己的方式强硬地表达对孩子的爱。多么可怜的孩子啊！他受不了母亲的压制终于哭了起来，一边哭一边自己开始脱衣服。母亲好说歹说，孩子就是不听，她止不住怒吼："你太淘气了！不知道脱掉衣服会着凉吗？！"她为自己的一片爱护之心不被孩子理解而生气。

这位母亲没有想过，孩子有自己最真实的感受。一路走到地铁，他自然会热。母亲虽然确实是在关心儿子，但她的"教育"行为最直接的动因其实是出于害怕，而害怕孩子着凉这件事的实质，只是满足她自己的需求，而不是满足孩子的需求。

## Chapter 6　可以替别人着想，但要为自己而活

若爱他，不要让他按我们想要的方式来活，而是在尽可能地保护他安全的情况下，让他成为他自己。这样，他才会快乐。否则，我们的爱不是爱，而是打着爱的名义，让爱变成一种伤害。于是你的蜜糖，变成了对方的砒霜。

这样的情形，在恋人之间也很常见，你一味取悦他（她）甚至为他(她)付出一切，拼命要让他（她）高兴，结果往往是自己身心俱疲，然而事情却没能朝你预想的方向发展。

你以为自己付出了对方就应该如何如何，其实是你没有明白，**这个世界是一个或然性的世界，只有愿意不愿意，没有所谓的应该不应该。**

每一个人能决定的只有自己的行为选择。你选择在家做主妇、出门做贵妇，不是男友或老公爱你、疼你、给你钱花的理由。同样，男友或老公爱你、疼你、给你钱花，也不是你必须要在家做主妇、出门做贵妇的理由。

我们的意志不受任何人支配，我们也没有资格支配任何人。如果有需要别人满足的欲求，我们只能与他人协商以达成合作，比如，我们不能期望对方"应该知道"自己需要的是梨，所以在我们已经给了对方苹果的时候，对方就应该回报我们以梨。

人生的残忍之处在于，我们只能在有限的选项里进行选择，并且承担其任何变量带来的或然性的后果。选择了，就得承担，如此而已。

曾经有一名女士向我诉苦说，当年由于男友太穷，所以她选择跟他分手，然后嫁给了一个更加富有的人。不料婚后她发现丈夫生性顽劣，不仅喜欢寻花问柳，还时不时对她拳脚相向。由于自己没有独立生活能力，所以没有勇气选择离开，日子过得苦不堪言，每天变着法子讨好丈夫，生怕哪里有一点没做好引起他的不快。

然后，她得知前男友也很快结了婚，没过几年，因为勤奋机灵，他生意越做越大，竟成了当地少有的富户，比她夫家还要富有。她很为当初的选择后悔。

我只能劝她，让她明白，任何事都有各种或然性。前男友离开了她后发达了，这是一种或然；对方也可能遇上灾祸，或残疾，或死去。若那样的话，她今天倒该庆幸当初没有嫁给对方吧？正如她嫁给富家公子，也有很多或然性一样。对方爱她、惜她是一种可能，对方不尊重她、看不起她、对她拳脚相向，也是一种可能。

**一切都是个人选择的结果。而她之所以痛苦，是因为她将所有的依靠建立在外界的给予而非内在的追求上。**

## Chapter 6　可以替别人着想，但要为自己而活

《智慧书》里讲得非常好："当你谈论自己时，若不是为虚荣而自夸，就是因自卑而自责，你会失去对自己正确的判断，也会为他人所不齿。"

我想，所有关系中已经得知自己处于不对等地位的人，都应该好好思考一个问题，那就是你是否看清了在这段关系中彼此究竟想要什么。若不然，你当停止用疲惫的身心取悦他（她）的行为，**别让你的爱成为对他（她）的伤害，也别让他人以爱的名义来伤害你。**

做你自己，最好！因为伤害你的人从没想过是为了让你成长而伤你，真正让你成长的是你的痛苦与反思。

而经历本身也并没有任何正面意义，让它变得有意义的是你的坚强。

## 做人要懂得留一点儿爱给自己

| 你可以不成功,但你不能不成长。
| 最后能达到的最好状态大概是,你懂得了如何爱自己。

支撑伟大的,往往是那些不为人知的困难、艰苦、挣扎等琐碎的细节。

正如,远征之路看上去宏伟、美好、蜿蜒迤逦,那一路尘沙氤氲,扬起的似乎是如诗般瑰丽浪漫、如画般色彩斑斓的前程,脚下所踩的是大地母亲支撑我们追求理想的黄土,远处还有艳阳,还有彩虹。

但当我们走上这段路之后才发现,每一步路,都要我们身体力行地用脚去丈量,于是蜿蜒迤逦变成了崎岖坎坷,尘沙氤氲变

## Chapter 6　可以替别人着想，但要为自己而活

成了风尘仆仆，黄土变成了满路泥泞，艳阳虽好却让人酷热难耐，彩虹不知道会出现在远方何处，结果只留下风吹雨打的真实，不断抽着我们耳光。

直到这时，我们才算明白了一条真理，那些看上去波澜壮阔的美好，实际上却意味着背后可能有你看不见的大起大落。

我们根本没有想象中那般强大，我们也改变不了世界。"一开始，我们都相信，厉害的是自己；最后，我们无力地看清，强悍的是命运。"

有那么些年，我们都不知道人生的意义是什么，不知道自己活着是为了什么，也不知道如何才能在一片迷茫中，找出属于自己的那条路。

**我**相信不管是谁，都有过这样一段迷惘的时光。我们总是想倚靠不多的努力就改变整个世界，但我们终将发现生活本身是一个简单又复杂的矛盾综合体，它根本不可能一说改变就能改变的。那时，我们开始反省自己，然后承认已被打败了，但我们依然不想接受被生活打败的这个现实。

如果人生是用来被生活打败的，我们为什么还要苦苦努力？因此，你进入了迷惘期。

## 你的善良必须有点锋芒

**年轻时候的迷惘是一件好事。** 它意味着，我们走出了父母的庇护，不再用父母的价值观、世界观和人生观来看待问题，不再以满足父母的期望为生活的意义，我们有了独立思考的意识，有了想弄清自己和世界的愿望。

**迷惘一阵子也是一件好事，至少说明我们还有追求，还对生命的意义有追问。** 只要我们不懈努力，在错误中、在痛苦中反省自己，总还能找着属于自己的那条路。

曾经有这样一个人，他身材矮小，样貌丑陋，学历也不高，毕业找工作的时候，被很多公司拒之门外。于是，在他心里，自己成了一个无用的人，以致再没有信心去任何一家公司应聘，只能靠政府的救济金度日。

时值美国经济大萧条，上千名示威者聚集在美国纽约曼哈顿，他们高举标语，要求政府将更多资源投入到保障民生的项目中去。

他参与了这场运动，连续两周每天到曼哈顿参加抗议活动，希望借此改变自己的状况。到了第三周，他甚至对父母说，他要带个帐篷，要长期坚守在那里进行抗议活动。

父亲听后叫住了他："你懂得维护自己的权益是值得肯定的，但是，你忽视了一个关键问题。"

"我忽视了什么？"

## Chapter 6　可以替别人着想，但要为自己而活

"抗议不会很快从根本上改变你的现状。你现在的状况仅仅是社会分配不公引起的吗？"父亲问，"在就业的问题上，你采取积极的态度了吗？"

这个年轻人沉默了。

"老板总会追求利润，政治家在耍手腕，金融风暴来袭，全球经济发展放缓，很多老板就是喜欢聪明而有才气的人……世界就是这样在运转，这很难改变。"

"那我该怎么办？"他问。

"孩子，振作起来，先做好自己再说吧。"

在父亲的鼓励下，他开始去找工作。很快，一家影视公司看上了他，请他做特型演员。后来，他成了美国西部当红的喜剧明星。

他的故事告诉我们，**你可以不成功，但你不能不成长。也许有人会阻碍你成功，但没人会阻挡你成长。**

到最后能成就我们的并不是命运，而是我们自己。在任何一段关系中，我们不仅要以善待人，更要善待自己。这是生活的智慧。

家住得克萨斯州的丽兹·维拉斯奎兹，出生时就被发现得了一种极其罕见的怪病：马凡氏综合征，身体无法储存脂肪——得这种怪病的包括她在内，全球只有三个人。

### 你的善良必须有点锋芒

更糟的是，四岁时，她的一只眼睛开始从褐色变成蓝色，经过医生诊断后才发现，她的这只眼睛已经失明了……虽然在父母的精心照顾下，她艰难地活了下来，但每天不得不吃很多顿饭，每隔十几分钟就要吃一餐。即使这样，二十多岁的时候，她的身高只有一米五七，体重只有二十五公斤——这相当于一个八岁女童的身体重量。因为身体的脂肪近乎为零，她的体型干瘪，被人嘲笑为"骷髅女孩"。

十七岁那年，她浏览网页时意外地发现自己成了一段视频《世上最丑的女人》的"主角"，原来有好事之徒悄悄将她的形象拍摄下来上传到网上。更令人伤心的是，这部短片的点击量竟然超过四百万次。无数网民在视频的评论中释放语言暴力，甚至有人要她自杀离开这个世界……

可她并没有退缩，而是选择勇敢地站出来迎击这一切。尽管骨瘦如柴、身体多病，她还是积极参加学校的各种活动，并成了啦啦队的队员。后来，她决定用自己的亲身经历为弱势群体争取点什么。于是，她拍摄了一部关于自己成长的纪录片并开始做演讲。结果她的故事一下子风靡互联网，激励了很多因自卑而自暴自弃的年轻人，她出版了讲述自己经历的书，甚至在参与反欺凌的立法工作中成功游说国会议员。

## Chapter 6　可以替别人着想，但要为自己而活

被千万人讥笑的丽兹，是怎么走出人生的低谷找回了自信的感觉呢？

在几年之前，丽兹写了一个"爱自己"的清单，清单上，她写下了自身所有的优点，无论是身体上的，还是性格上的。她把清单贴在浴室的镜子上，以便每天都能看到它，直到自己相信这些文字。每次她质疑自己的时候，首先会想到这个清单，想起"我的确有可爱的地方"。慢慢地，她不再困扰于别人的质疑。

"你必须完全自信地意识到，爱自己就足够了，"丽兹说，"你不需要用别人的标准来衡量自己，你不需要像别人一样胖或者一样瘦，不需要把自己和别人相比。你需要的，只是做自己。因为每个人都是无可替代的，每个人都有可爱的地方。"

**什么事情都需要一个过程，你应该坚强地面对一切，但你也有权不委屈自己，到最后达到的最好状态大概是，你懂得了如何爱自己。**

那时，你不会再牺牲掉所有的时间和精力，去打拼别人眼中的辉煌未来，而是在当下努力去做自己喜欢做的和有趣的事情，让自己的内心充盈着喜悦，让现在的每一天，都以自己喜爱的方式度过。

成长的道路是用接踵而来的心灵挣扎和无数次泪流满面后的

觉悟铺就的。

其中有蜕壳的痛,有忍受不被理解、不被接受、不断砍掉自己身上的刺的痛。

天下唯一能不劳而获的东西是贫穷,没有一种苦难不是成长的营养剂,也没有一种成长不是在告诉我们,你可以过得更好一些。

## Chapter 6　可以替别人着想，但要为自己而活

# 无畏付出，但不无谓付出

| 人生最遗憾的，莫过于轻易地放弃了不该放弃的，固执地坚持了不该坚持的。

年轻的姑娘们，你们是不是都有过这样的感觉：乍有了心上人，心情极缠绵，思念中夹着怨嗔，急切中带着羞怯，甜蜜中藏着苦恼。而对方却又很难体察你的情绪奥秘，因缺乏细心与耐心，或因诸事繁杂，既不能及时回应你爱的需求，也不能天天陪着你，于是你动不动就怀疑"他是不是不想理我了"，动不动就想问"你是不是不喜欢我了"。

然后，或开始无理取闹，非要逼问出一个清楚明白来，或隐忍着不去打扰对方，却常常忍不到一天时间就崩溃了。理性一点的人

或许能坚持得更久些,但估计没几个能做到一两个月都不问对方究竟还爱不爱自己,究竟有多爱自己的。然后在得到一点点口头上的保证后便可以幸福半天——也许半天之后又要开始追问了。

若是他回应热烈,你便天天心花怒放。若是他回应不热烈,你便马上又进入自我否定思维:我要是漂亮点,他可能就更在乎了;我要是没有什么恋爱史,他可能就更在乎我了。

结果往往使得自己陷入更深的烦恼中,比如:"我那么深爱他,为什么……"

在生活中往往会有这样一些人,动不动就怨天尤人:"我为他付出了一切,为什么他要这样对我?"

这些付出者并不知道自己的付出是不是人家想要的,也不知道这种付出并没有签回报协议,别人可以接受,也可以不接受,别人接受了愿意回报,可以回报,不愿意回报,那便是周瑜打黄盖——一个愿打一个愿挨。

并且这种所谓的付出很不好量化,付出者往往高估自己付出的,而接受者则往往低估自己得到的。一个漫天要价,一个就地还钱,恐怕没有多少人觉得自己只付出了一点点却得到极多。

多少人格不独立的打着照顾孩子的名义而强行和儿子媳妇住

## Chapter 6　可以替别人着想，但要为自己而活

在一起的婆婆弄得小家鸡飞狗跳，多少索求无度的孩子毁了父母的晚年生活！如果我们真的闲极无聊，请寻找适合自己的休闲和娱乐活动，不要去掺和孩子的生活；如果我们真的羡慕别人的富有安逸，请寻找适合自己的事业和工作，不要去闹腾父母。

我们不能靠一味地付出为孩子撑起他的人生，也不能再等父母或另一半为自己的人生付出。为孩子付出，会使孩子失去独立生活的能力；等着父母的付出，我们就无法成长。

从本质上来说，等着别人付出的人面对生活往往有许多恐惧，因而胆小、懦弱，没有承担力，他们会轻易将自己交出，让他人掌控自己的人生。如果我们总想为他人付出，便可能失去自我，沦为一个不断给别人收拾烂摊子的"滥好人"。

同样，我们不能靠付出来成就伴侣的人生，也不能为朋友或家人无谓地付出自己的人生。

多少女人因为轻易交出自己，等待一个男人一辈子，无谓地付出了自己的青春，得到的却是始乱终弃。又有多少男人因为执着地为爱人付出，然后理直气壮地控制爱人的生活，一步步把她逼上了背弃之路！

每一个人都只能为自己的人生负责，我们所做的每一件事，都得承担它可能带来的结果。

**无谓的付出如果在别人看来只是负累,我们如何能期待得到相对的回报?我们不畏付出,但不无谓付出。**

摒弃为他人付出来换取尊重和回报的意识,其实就是要求我们能接纳别人与自己的不同,尊重彼此的独立;摒弃要求他人为我们付出的思想,其实就是减少我们对他人的依赖,不会再觉得别人为我们的付出是"应该的",更利于在彼此的关系中获得感恩之情。

## Chapter 6　可以替别人着想，但要为自己而活

# 做自己，别让世界改变你

| 人可以死在自己的梦里，但不能死在别人的嘴里！

有人说，泼在你身上的冷水，你应该烧开了泼回去。

但善良的人，给的回答则不一样：更愿意做一个像石灰一样的人，别人越泼冷水，人生越沸腾！

生活中常有这样的人，无论你做什么，他都喜欢给你泼冷水，都觉得不行、不好、行不通，但他自己去做，却什么也做不好。也许滥用语言暴力成了他唯一可以刷存在感的手段，所以他时时都在伤害着别人，然后也被别人的反击伤害着。

**参**加一个项目讨论会,我看到两个同事极为用心地做了几个策划案。若是我们从他们考察市场的角度和做策划时的费心费力来看,便会承认那些都是应该被尊重的劳动成果,即使它们可能还不够完美,可能还需要继续提升。

但是,却有些同事,完全不看人家立项可行性研究的内容,不看人家在市场研究上花的功夫,连策划的内容是什么都没有认真看,便开始各种批评。

连小河都没有见过的人,却摆出一副曾经沧海的姿态来。那些批判听上去那么牵强附会,那么毫无逻辑。我真的很想说,人家努力去思考、去策划,并且形成了结果,尽管它可能不合适,但拜托各位"高大上"的同事,你们好歹先弄明白策划人的意图,看一下人家的方案再批判,好吗?

看着那些认真思考过、认真做事的同事,我心里真不是滋味。我不是说讨论一个重大项目时,参会的人不可以发表意见,而是说我们发表意见时,不要带着情绪和个人好恶的标准去评判。一个从来没有吃过蜂蜜的人,是没有资格说什么样的蜂蜜才好吃的,也不能因为自己不喜欢吃蜂蜜,就武断地认为蜂蜜没有市场。

很长一段时间里我都在想一个问题:为什么我们总是那么喜欢粗暴简单地否定别人,动不动就用偏激甚至刻薄的话去伤

## Chapter 6   可以替别人着想，但要为自己而活

害别人，而我们却感觉自己非常有理？为什么我们胡乱批判别人、伤害别人时没有丝毫内疚之感？产生这种自负心理最深层的原因是什么？

很多事情，只有把它的前因后果彻底联系起来，我们才能看出最根本的问题。拿上述案例来说，一个项目上了会，判断它是否具有可行性，我们不能不看内容而只凭匆匆扫一眼标题就全盘否定。

这里面，有很重要的两个行为暴露出了其根本心理：不看内容——因为那是别人的项目，隐蔽心理是把不想关心别人当成对别人的项目没兴趣；全盘否定——不想为别人的项目费心做判断，其隐蔽心理主要是不想去肯定别人的价值，所以全盘否定，一来比较省事儿，二来显得自己是有价值的。

**我想说，如果有人看不起你，不是因为他真的比你强，而是因为他不想去发现你的价值**。每一个人都只关心自己的价值，所以我们才会产生那些莫名其妙的自负心理。一个人之所以骄傲，之所以看不起人，只不过是因为漠视他人的价值，眼里只看得见自己，和个人能力无关，并且和我们被看不起也无关。别把他人的冷漠，与自己的无能画等号。

**别人的评价与我们的实际价值无关**。人生命运的真相就是，

## 你的善良必须有点锋芒

命运一半在你手里,另一半在上天手里,你要用自己手里的一半去赢得上天手中的另一半。

悲观失望、抱怨命运的时候,不要忘了你自己手里拥有你一半的命运。得意忘形、志得意满的时候不要忘了还有一半的命运在上天手里。我们都要与他人合作,所有要求你关心的人,都和你有关。

当然,别人的自私冷漠是一件你没有办法掌控的事,我们只能自己去感受世界,也只知道自己最需要什么。我们时时为自己的感受而奔忙,分不出多余的时间去关心他人。

古希腊哲学家普罗泰戈拉说:人是万物的尺度。我总觉得那句话的正确译文是:每一个人都以他自己的喜好作为判断万物的标准——这也是没有办法的事,因为我们只能用自己的主观感受去评价这个世界,去描述这个世界,得出只有自己才完全相信的结论。

由于天赋、生活环境的不同,我们每个人的认知力都不一样,所以每个人的自以为是都不一样,所以才使得一些人那么难以被他人认可。

但这不是我们可以待人冷漠粗暴的理由,我们不能只关注自己,还要关注和自己相关的一切。因为依赖彼此的相互合作,所

## Chapter 6　可以替别人着想，但要为自己而活

以我们需要在意别人眼中的自己是什么样子；因为每个人的看法不一样，所以我们不能太在意他人的看法。

看到过这样一句话：**人可以死在自己的梦里，但不能死在别人的嘴里！**我非常赞同。

我们之所以奋斗，不是为了改变世界，而是为了不让世界改变我们。我想，我们能以让自己舒服的方式行走在这个世界上，这就是我们应有的生活。

以世俗观念来讲，同事小李与丈夫结婚算是高攀了。出身农村的小李，嫁了一个有好几套房子的"款哥"，幸福得不行。私下里，大家都想向她请教驭夫之术。在我们的一再追问下，小李道出了秘密：在婚姻里，女人最主要的难题是面对婆婆。你不可以软弱，软弱就受一辈子气；你不可以逞强，逞强会伤害你心爱的丈夫。

小李在和老公大陈结婚时就明智地达成了如下协议：无论什么时候，大陈都要站在小李这边；无论什么时候，小李都不会向大陈抱怨婆婆；无论婆婆怎么抱怨小李，大陈都不可以当真。

果然，富婆婆不是好惹的，结婚之前逼小李进行婚前财产公证，约定协议离婚要净身出户。结婚之后，虽然没有和他们一起

住，但这个富婆婆总觉得小李耽误了大陈的前程，所以隔三岔五地去折腾小李。今天问小李一个月可以上交多少生活费，明天又要求小李交出大陈的工资卡。不过小李心中正能量满满，面对婆婆的刁难，她总是会说："妈，我上周六在商场里看见一套特别好看的衣服，很适合你的气质，周末我陪你去买。"或者说："妈，我听说你二十几岁的时候美得像天仙一样，很多男孩追你，要不周末有空来给我讲讲你的故事……"

婆婆正面交锋中奈何小李不得，便开始向大陈告状，今天说她给我脸色看啦，明天说她太自私啦之类的。大陈听得多了不免嘀咕，他小心翼翼地问小李："我妈没找你事儿吧？"小李说："怎么会，妈很好啦，上周我陪她买了好几套衣服，这周我听了她讲自己的故事。你别说，妈真漂亮。我干脆给她办张健身卡，周末陪她健身，这样她能穿得上更多的漂亮衣服。"

大陈将信将疑地向母亲核实，母亲只好坦白交代了。然后，大陈又转述了小李的话，母亲心里开始不好意思起来。后来因为一件事，母亲明显失理被大陈责怪，小李还说"妈只是觉得她那种方式对我们最好，没有想到可能不太适合我们"，叫大陈不要责备母亲。大陈慢慢发现，母亲对小李的挑剔越来越少。

## Chapter 6　可以替别人着想，但要为自己而活

小李没有软弱，也没有逞强，而是绵里藏针地解决了许多女性朋友的大难题。其实，**很多事不是我们做不到，而是我们放不低身段。**

人心都是肉长的，婆婆也不难"对付"。只要不因为一时的矛盾而自乱阵脚失去理智，就可以不让矛盾升级；只要学会打太极，就可以使婆婆的力气全打在棉花上。作为后辈的我们，应该学着理解婆婆在特殊环境下养成的不安全感，只要我们找准了她们的心理需求，并恰当地去满足这些需求，又怎么会搞不定婆婆呢？

人与人之间唯一的冲突是价值观的冲突，并没有什么难解的结，婆媳之间尤其如此。你若是不喜欢她做的饭，少吃几口装装样子，转身出去悄悄买点喜欢吃的塞饱肚子就好；你若是不喜欢听她说的话，就左耳朵进右耳朵出，当自己是间歇性失聪就好；你若是不喜欢她教育孩子的方式，只要想想，那到底是她的亲孙子，十个保姆也未必比她更值得放心。其实，很多事都是这样的，只要你自己不觉得是事儿，事儿再大都不算是事儿了。

有时候，幸福需要智慧拐点弯。或许，你会觉得，那样去迁就别人，你很委屈。凭什么要你主动牺牲这么多，去换取一份本来就应该得到的安宁？

如果心怀这样的计较，只能说明你的内心力量太过弱小，还

欠缺足够的调适力。这世上，总是主动的人得到的会更多。

主动是一种能力，主动终止伤害更是一种能力。你若不去主动终止伤害，必然会面对日后没完没了的彼此伤害。多少家庭，不是因双方都没有终止彼此伤害的恶性循环才分崩离析的？

天下没有免费的午餐，世间也没有不需要主动去追寻的幸福，你若没有主动终止伤害的能力，也不会具备享受幸福的能力。

当然，主动终止的过程会很艰难，我们不可能今天说改，明天就一下改了，中间必然还会有强烈的挣扎、压抑以及不甘。但是，只要我们慢慢去做，我们就能慢慢学会接纳，学会调适内心的愤怒，成为一个可以主动终止伤害、享受幸福生活的人。

## Chapter 6　可以替别人着想，但要为自己而活

# 我们活的都是自己的选择

| 这一生太短了，我很"自私"，不想仅仅过给他们看。
| 再微小的努力，都会让自己的人生变得更精彩一点。

人生的路，靠自己一步步走。真正能保护你的，是你自己的选择。那么反过来，真正能伤害你的，也一样是自己的选择。

那天和一个同事闲聊，不知怎么就聊到了这样的话题，然后她讲了一个故事。

"我高中的时候在外地念书，他们本地学生有一个个的小圈子，如果不融入，我会被孤立，所以我选择委屈自己去讨好他们。可是不管怎么努力，就是有人看不惯你，有人排挤你。

## 你的善良必须有点锋芒

"一次,刚走进教室,我就发现一个同学在翻我桌上的卷子,然后把我的卷子扔到了地上。因为教室的前面墙壁上粘了一张名单,那是我们的考试排名。我在第一,而她排在第二。后来,我连续几次发现,她连同别人排挤我。后来每次考试完发卷子,不管我考得好不好,她总在背后讽刺我。而我还要装作不知道,一个劲地想和她改善关系。

"再后来,听说老师在他教的另外一个班里拿我的作文当优秀范文,她又到那个班的同学那里,开始各种小动作,全是恶意中伤。

"现在回想起来,一个十几岁的女孩子,为什么会有这种'恶',而那群念书也念得不错的同学怎么也就信了呢?有一次走在路上,听到后面有人说我坏话,我本想装作没听到,但是大概是那一刻顿悟了吧,我居然转过头质问她们。然后她们落荒而逃,据说在班上还哭了。

"不知道为什么,那一刻,我突然觉得特别开心。后来又到考试发卷子的时候,同班那个女生又故意跑来讥讽我,说老师偏心才给我高分。我拉住她和她说:'我现在是第一,高考也会是,你再不喜欢我,也考不过我呀。'她就嘤嘤地哭着跑了出去,好久之后才回到教室。

## Chapter 6　可以替别人着想，但要为自己而活

"然后我自然就又开始被孤立了，同学都在说我欺负人。可是我突然就想通了，随便你们吧，反正你们去上你们的大学，我会去上我的大学，那时你们就再也烦不着我了。

"整个高三，只有我吃胖了。高考完那天老师突然叫住正准备跑出校门的我，看了我几眼，淡淡地说：'你胖了。'

"虽然那样的场景很有喜感，但是当时，我突然就哭了，真是憋的。大概是我发现，在这个世界上，你再努力，也有人会不喜欢你吧。所以，那一刻我做了一个决定，这一生太短了，我很'自私'，不想仅仅过给他们看。"

生活如同战场，到处都会有破灭的梦想、支离破碎的希望和残缺的幻想。在与生活的战斗中，很多人会伤痕累累，甚至会败下阵来。然而，人终究活的是自己的选择——**再微小的努力，都会让自己的人生变得更精彩一点。**

不将就的人从不会顾影自怜，从不会自怨自艾，对那些没有遭遇苦难的幸运儿也丝毫没有嫉妒之心。因为从生活的困苦中挣扎出来的人，拥有的是实实在在的生活。他们已满饮生活这杯酒水，个中滋味自己深知。

因为在年轻的时候，眼睛被泪水洗净，所以有了广阔的视野。

## 你的善良必须有点锋芒

女作家桃乐丝·迪克斯说:"我比谁都相信努力奋斗的意义,甚至懂得焦虑和失望的意义。我不会伤感,不为昔日的烦恼流泪。生活的艰难,让我彻底接触到了生活的方方面面。"

桃乐丝命运多舛,年轻时不但贫困,还患有严重的疾病。当人们问她是如何渡过难关,成为著名的专栏作家时,她给出了非常精彩的回答。

度过了昨天,就能熬过今天,我不允许自己去猜测明天将会发生什么事。

我也学会了不要对他人产生过高的期望,这样一来,无论是朋友对我不忠,还是有些闲言碎语,我都会一笑置之,并且继续与他们保持交往。除此之外,我还学会了幽默,因为令人哭笑不得的事情实在太多了。当一个女人遇到烦恼时,不仅不焦虑,反而能自我排解,那么世界上就再也没有任何不幸可以伤害她了。

对于人生的种种困苦,我从不觉得遗憾,因为透过那些困苦,我彻底了解了生活的每一面——这一点就值得我付出一切代价。

**要积极向上地面对这个世界,绝不将就这个世界对你的音啬。与感伤相比,我们更需要积极奋斗**。唯有这样,才能过好自己的生活。无论是你的生活、工作、学习,还是内心出了问题,都要相信自己能够面对,这样,所有事情才会变得井然有序。

## Chapter 6　可以替别人着想，但要为自己而活

在那些困苦的环境中，人更能学会宝贵的人生哲学，这是那些生活在舒适环境中的人所学不到的。一个经历了极度不幸的人，面对服务生服侍不周或是厨师做坏了一道菜的小事时，都会毫不在意。

不将就的人，不会怨天尤人，他们比谁都清楚，这个世界是不完美的，既然如此，不妨迎接挑战，努力奋斗。他们会珍惜当下的每一天，因为命运再悲惨，他们都可以通过自己的努力，扭转不利局面。

## 深谙世故却不世故，才是成熟的善良

> 能被动接受现实，也能主动坚守个人原则。静得下心，低得下头。

有人问我，为什么热播电视剧《欢乐颂》里，樊胜美深谙人情世故却混得那么差劲，只能当一个办公室"油子"？

我想对于这个问题，我们先要稍微反思一下：我们所认为的人情，站在另一人的角度上看是否还是人情？我们所说的深谙世故是不是就是万事圆滑，或者忽略旁人的想法按一贯的规则办事？

**前**些日子从朋友那里得知一个故事。我的这位朋友与自己的大学同学相遇，多年不见，自然免不了一番嘘寒问暖。在交谈后，她得知班上的许多同学在事业上都取得了不小的成就。

## Chapter 6　可以替别人着想，但要为自己而活

有的从政做了官，有的下海经商做了老板，有的成了单位里挑大梁的骨干。她猜想，这个同学一定也混得不错，因为当年身为班长的他，不光学业优秀，而且吹拉弹唱样样精通，是一个极有才气和能力的美男子。

但这个同学跟她聊到自己的现状时，却表示非常郁闷。

他毕业后奋斗了十年，现在还只是一个小职员。这让他自己想起来也觉得难以置信。以他的能力，无论在哪个单位，都应该是数一数二的人物才对。这个同学最后把自己的落魄归咎于单位领导排挤他、压制人才。

我的朋友不禁同情起她的这个同学来，他真是怀才不遇。

半年后的一天，我的朋友去参加省外的一个笔会，其中有一个文友正好是她那个失意同学的上司。两个陌生人之间自然以两人都熟的人为谈资。文友说："他的确是个不可多得的人才，然而他太好表现。一方面处处锋芒毕露、逞强好胜，什么事儿都要掺和；另一方面又是一个'好好先生'，在单位里遇事儿从来不直接表明态度，事不关己时总是和稀泥。尽管如此，我还是十分欣赏他的才干，好几次想找机会提拔他，可遗憾的是，每次投票，他的得票都是最低的，我也没有办法。"

这时，我的朋友才明白，她的同学不得志，不是输在能力上，

而是输在他的骄傲和他看似深谙世故做事却并不成熟上。

因为他的业务能力强又比较好胜，无意间让许多和他一起工作的人受了好多气，大家因为觉得自尊心受伤而产生自卫性反击情绪，所以他在部门内不受欢迎。他本性不坏，为人好，但遇到其他部门的事儿，本着与人为善的心态，又一味地附和他人，显得很没有原则，也没有给人留下太好的印象。

作为才子，作为一个意气风发的青年，他有他自负的一面，又有他所谓"善良"的一面。随着时间的推移，他给同事们留下了一个世故又自大的形象，结果自然是被大家排斥。

不要觉得真的有那么多人不懂人情世故，被归在不懂人情世故里的人中，至少有一半只是不想玩这一套而已。**深刻地明白烦琐世事，却依然怀有赤子之心，能被动接受现实，也能主动坚守个人原则。这才是一种完美而睿智的处世哲学。**

我忽然想起一位历史名人来，这人以恃才傲物著称，也因此而死，你或许知道我说的是谁了。没错，就是杨修。

东汉建安二十四年（219），在曹操和蜀军僵持不下之时，曹军的主簿杨修因为"鸡肋事件"丢了性命，成了"聪明反被聪明误"的典型。其实，曹操并不是一个小气之人，就拿张绣来说，

## Chapter 6　可以替别人着想，但要为自己而活

当年张绣发动兵变杀了曹操的儿子和爱将典韦，后来又投降曹操时，还是得到了曹操的礼遇。曹操连杀子之仇都可以谅解，为什么就不原谅杨修，非要杀之而后快？

答案是，杨修聪明得过头了。

曹操让人造一座花园，造好后，曹操去看了一下，然后在门上写上了个"活"字就走了，结果是"人皆不晓其意"。杨修却说："'门'内添'活'字，乃阔字也。丞相嫌园门阔耳。"大家都不明白曹操在想什么，杨修一眼就看明白了门上字的含意，并且很得意地把秘密告诉了别人。

曹操为了防止别人暗害他，便说自己梦中喜欢杀人，让大家不要在他睡着时接近，并装模作样地杀死了一个替自己盖被子的近侍。结果是"人皆以为操果梦中杀人"，而又只有杨修了解曹操的意图，并对别人说："丞相非在梦中，君乃在梦中耳。"

曹操想考查一下儿子曹丕、曹植的临机处事能力，故意让两人出城，却在暗中吩咐门吏不让两人出城。结果，曹丕老老实实地退回来了，而曹植却在杨修的指点之下，杀了门吏，得以成功出城。杨修又一次料到了曹操的意图。

历事无数，阅人无数，却看不清自己。似乎聪明得能看穿一切，然而本质上却不谙人情世故，这是杨修的取死之道。

## 你的善良必须有点锋芒

曹操手下有才华的人不可胜数,像郭嘉、程昱、荀彧、贾诩,哪一个不是济世之才?为什么他们没有被曹操妒而杀之?他们的深谙世故是真正的豁达,他们的劝谏是真正的融通。

**深谙世故却不世故,静得下心,低得下头,这才是成熟的智慧。**

生活里,很多时候,和善良联系在一起的是单纯,而且在某些情况下,"你太单纯了"等于"你太善良了"。你通常看不到"坏人"对你设下的陷阱,你的善良总是被利用,不单纯的人们喜欢你的单纯,却又不希望你一次又一次地被欺骗。所以,你要明白人情世故。

善良单纯的人,给人简单、真诚的感觉,容易被信任,所以虽然你的善良必须有点儿锋芒,但也不能轻易"施展"自己的"人情世故",否则你稍微走错了,很可能会更容易受伤。有些人会把算计和城府带到生活和工作里,而有些人,却是对朋友、同事或者恋人,永远保持着真心,他们不是不懂人情世故,不是不能而是不为,这是大善的智慧。

最后,在本书即将结束时,请允许我引用大卫·米切尔的小说《云图》中的一段话,为所有善良的人们祝福以及正名。

**我们所做的任何事情,在人类宏大的历史和空间的范围里,**

**都是微不足道的。但正是这些不计其数的微小的善的信念,使得人性的种子即使在最险恶的环境中,仍能够得以保存,经过时空的洗礼,在未来的某个时间、某个世界,放射出最耀眼的光辉。**

你我,也正是这个世界成就自身伟大的要素之一,哪怕我们的善行看起来是那么微小。

# 后 记

## 得到的是侥幸，失去的是人生

一个人能按自己喜欢的方式去过一生，那是一件非常难的事情。

我们无时无刻不在被外界的声音指指点点，时间久了，会忘却初心，失去独立思考和坚持自我的能力。

比起一句句温柔的安慰，我想我们更需要一盆冷水。它会让我们清醒地意识到自己的坏脾气、自己的小格局、自己的低情商，还有我们自己看不清，而别人看得一清二楚却不愿告诉我们的一切问题。

在写这本小书的那些日子里，我一遍遍地循环播放着张悬的那首《关于我爱你》——我懂活着的最寂寞，我拥有的都是侥幸啊，我失去的都是人生——正如这首歌的歌词所说的，百分之八十的人，心境其实是相似的。每一个人心里都有一个死角，藏着最深的秘密。

我们越长大，越不信赖温柔的安慰；我们越长大，越觉得直白和坦诚更重要。同样，在这本小书里我想说的，虽然全是老道理，但于你，也许都是新问题。如果你看过几篇后，觉得这里面有自己的影子，也不足为奇。

当你困顿、迷茫时，如果你恰好看到这本书。希望你能从这本书的文字里汲取力量，不要向这个世界缴械投降。

张爱玲曾经写过一篇文章叫《非走不可的弯路》。她站在青春的路口，她的母亲拦住她说："此路走不得，我以前走过。"她不信，觉得母亲能从那条路上走过来，自己为什么不能？于是她坚持走上那条路，母亲只好叹息一声，说一句"一路小心"。

当她真的走上那条路时，发现母亲没有骗她，那条路真的难走。最后当她拼了命努力，一路坚持，终于走出来的时候，看到一个年轻人正站在自己当年站的那个路口，她忍不住像母亲那样喊："那路走不得！"年轻人跟当年的她一样，非走不可，于是她也道一句："一路小心。"

我所写的也是这样一本只告诫却不劝阻，最后道一句"一路小心"的书。文字只算是"卡拉OK水平"，读起来通俗、简单、易懂，每一个人随时都可以停下手边的工作或者娱乐读上两页。内容也许没有许多朗朗上口类似格言警句的话，但无论你是谁，我希望总有那么一两个句子能点破你的处境，刺痛你的内心，鞭打你的神经。

那也许正是一种得到的侥幸，一种深谙世事而不世故的智慧。

在那篇文章中，张爱玲还说："在人生的路上，有一条路每个人都非走不可，那就是年轻时候的弯路。不摔跟头，不碰壁，不碰个头破血流，怎能练出钢筋铁骨，又怎能长大呢？"

人生是一个试错的过程，成长也不例外。该做些什么、走怎样的路，每个人都遵循着内心的声音，一步步摸索。摔倒了，爬起来；撞破头，往后退；走岔路，走回来；迷路了，停下来……

面对年轻人，过来人不要患上"拦路癖"，因为拦住他也没有用，只能道一句"一路小心"。

每一个人的人生都不同，每一个人的人生都要自己过，每一个人都有需要自己独自去完成的人生功课。

因为经历，所以懂得。

愿天下所有不懂和懂得的人，成长不止，善良依旧！